子どものUXテ

遊びと学びの
デジタルエクスペリ...

デブラ・レヴィン・ゲルマン＝著
依田光江＝翻訳

Design for Kids
Digital Products for Playing and Learning
By Debra Levin Gelman

©2014 Debra Levin Gelman
Rosenfeld Media, LLC
457 Third Street, #4R
Brooklyn, New York
11215 USA
www.rosenfeldmedia.com

Japanese translation published
by arrangement with Rosenfeld Media
through The English Agency (japan) Ltd.

The Japanese edition was published in 2015 by BNN, Inc.
1-20-6, Ebisu-minami, Shibuya-ku,
Tokyo 150-0022 JAPAN
www.bnn.co.jp
2015 ©BNN, Inc.
All Rights Reserved.
Printed in Japan

サマンサへ——
あなたがいなかったら、この本は倍の長さで、
半分もおもしろくなかったはず。

そしてジョシュへ——
あなたがいなかったら、この本はそもそも
生まれませんでした。

本書の使い方

対象読者は?

本書の対象読者は、ウェブサイトやゲーム、モバイルアプリの制作、あるいはソフトウェアの開発など、何らかのかたちで子ども向けデジタルエクスペリエンスのデザインに携わっているか、それに興味のある人です。

　内容を理解するうえで、デザイナーや開発者の専門知識は必要ありませんが、デザイン用語についての基礎的な知識はあることを前提にしています。

本の中身は?

本書は大きく3つのパートに分かれます。

　1つ目のパートは第1、2、3章です。デザインの対象としての子どもが、なぜあんなにおもしろくて危なっかしくてイライラさせられるのかについて述べ、認知発達理論の基礎を踏まえたうえでデザインの枠組みを示します。また、子ども向けにデザインすることと、他のターゲット向けにデザインすることのつながりも指摘します。

　第1章「子どもとデザイン」では、子ども向けウェブサイトが、インターネット黎明期から今日までどのように進化してきたかをとりあげます。

　第2章「遊びと学び」では、子ども向けにデザインするときの枠組みを定義し、子ども向けのデザインに用いる原則と、大人向けの原則との間に共通点も多いことを説明します。

　第3章「発達と認知」では、子どもの認知能力の発達段階が中心のテーマです。また、デザイン時に考慮しなければならない発達の重要な点を強調します。

　2つ目のパートは第4〜9章です。子ども向けデザインのパターン、原則、ツール、技法について詳細に述べ、ユーザー対象のリサーチおよびテストの効果的な実施方法を説明します。

　第4章「2〜4歳：小さい身体に大きな期待」では、2〜4歳児向けにデザインするときのヒントと技法をまとめます。字がまだ読めないユーザーへのデザイン、慎

重な色使い、視覚的な階層構造の適切な組み立て方などが中心です。

第5章「4〜6歳：どっちつかずの中間層」では、4〜6歳児向けのデザインの取り組み方を概説します。このなかで、社会性（ソーシャル）のデザインと、フィードバックの程度、自由な発想での探索についてもとりあげます。

第6章「6〜8歳：大きな子ども」では、6〜8歳児向けにデザインする場合に知っておくべきことをまとめます。トピックとして、進歩とレベルアップ、遊ぶときのルールの確立、自己表現をとりあげます。

第7章「8〜10歳："クール"な要素を」では、8〜10歳児向けのデザインについて、失敗のとらえ方や、複雑さ、広告、自我のテーマとからめて論じます。

第8章「10〜12歳：大人の手前」では、認知能力の面では成熟していながら、デジタルエクスペリエンスの世界ではある程度の特別扱いをしなければならない10〜12歳児向けのデザインに伴う繊細さについて論じます。

第9章「デザインリサーチ」では、子どもを対象としたリサーチの技法を年齢層ごとに説明します。リサーチ参加者の見つけ方や、参加同意書、親の関与についても扱います。

3つ目のパートは第10、11章です。前の2つのパートの内容を盛り込み、子ども向けの優れたデジタルエクスペリエンスを制作するうえで重要な項目をまとめます。

第10章「年齢層ごとに見るアプリ」では、異なる年齢層にどのようにデザインパターンを展開するかについてサンプルを示します。2〜4歳児向けにデザインした基本的な動画再生アプリが、10〜12歳児向けでは、プレイリストや「お気に入り」やシェア機能を備えた複雑な動画貯蔵庫に進歩する様子を見ることができます。

第11章「全体のまとめ」では、アプリをダウンロード可能にしたり、ウェブサイトを立ち上げて稼働させたりするなど、子ども向けデザインのビジネス的側面について述べます。

また、本書のところどころで、子どもおよび業界専門家のインタビューと、ケーススタディを掲載します。

本書に付属するもの

併設サイト（rosenfeldmedia.com/books/design-for-kids/）にブログと追加情報を記載しています。本書に掲載した図やイラストは、Creative Commonsのライセンスのもと、あなたのプレゼンテーションに組み込むことができます。フリッカー（www.flickr.com/photos/rosenfeldmedia/sets/）に掲載しています。

よく寄せられる質問

子ども向けのデザインは大人向けのデザインとどう違うのですか?
似ているところはどこですか?
子ども向けのデザインも大人向けのデザインも、ユーザーを深く知り、彼らが何を望んでいるのかを理解しなければならないところは同じです。大きな違いは、子どもはどんどん変化することです。わずか6カ月間で、2歳児は認知能力も運動能力も細かい技巧も大きく成長します。大人の能力は6カ月程度ではたいして変わらないでしょう。対象ユーザーとともに成長するサイトやゲームを開発する際には、子どものこうした急速な変化に留意することが重要です。

　また、大人はインタフェースを使うときに明確な最終ゴールを意識するのが普通ですが、子どもにとっては旅の過程が大切です。コンピュータやiPadに触れること自体が楽しく、全部が冒険なのです。満たすべき要件や達成すべきゴールはあるにしても、デザイナーは多くの場面で細かいところに楽しみを見出すことができます。大人と子どもの類似点と相違点、および実際のデザインの場面でそれがどう関係するかについては、第2章で説明します。

子ども向けにデザインする場合、子どもの発達段階を
どの程度深く理解する必要がありますか?
ターゲットの子どもが発達段階のどの位置にいるかについて基本を知っておくのは望ましいことです。認知心理学の深い知識までは必要ないにしても、デザインプロジェクトを開始する前に、認知能力の発達と成熟の段階をひととおり頭に入れておくとよいでしょう。ピアジェの認知発達理論を第3章でとりあげます。子どもがたどる発達段階をまとめますから、子どもを惹きつけるエクスペリエンスのデザインに役立ててください。

子ども向けにデザインする場合に知っておくべきルールや規制はどのようなものですか？

子ども向けのサイト／アプリのデザインに関する絶対のルールはありません。ただし情報収集は別で、多くの国が13歳未満の個人情報の収集には厳重な規制を設けています。第6章の末尾に掲載したリネット・アテイのインタビューのなかで、とりわけ厳しいアメリカのCOPPA（児童オンラインプライバシー保護法）について詳しく触れられていますので参照してください。このような規制は、子どもに関する情報（あとで子ども宛てのメッセージに使われたり、商品の売りつけに使われたり、あるいは行動ターゲティングや地理的ターゲティングなどのための個人情報の識別に使われたりする可能性があります）を収集するには、親あるいは法的保護者が書面で同意しなければならないと明確に定めています。

　2008年にストラスブール（フランス）で開催された、第30回データ保護＆プライバシー・コミッショナー国際会議の場で、児童のオンラインプライバシーに関する決議の草案が策定されました。こうした指針は概要レベルですが、子どものアイデンティティをオンライン上で保護することについて国際的な合意が形成され始めています。あらゆる個人情報が適切に保護されるように、デザイナーや教育関係者、親、子ども、そして子ども向けのデジタルプロダクトを制作する企業の協力が強く求められています。

子ども向けにデザインする場合に便利な具体的な慣習を教えてください。

対象の年齢層に独特の特徴を意識してデザインする必要があります。たとえば、2〜4歳児向けにタッチスクリーン式のアプリをデザインする場合には、タッチするアイテムを、不器用で小さな手でもうまくタッチできる大きさにします。また、デザインするジェスチャーも子どもにとって楽な動きにしてください。フリック（払う）やピンチ（つまむ）やタップではなく、スワイプ（すべらせる）、グラブ（つかむ）、スマック（たたく）を使うのです。これについては第4章で扱います。また、アイコンやシンボルの形状についてもよく考える必要があります。大人にとっては世界共通で理解されているアイコンであっても、抽象思考能力が発達途上にある子どもが理解できるとは限りません。最後にもう1つ、文字による説明を多用せず、なるべく視覚に訴える表現にしてください。子どもにとって——文字が読めるようになったとしても——画面上の文字を追うのは苦行なのです。第4〜8章で、異なる年齢層ごとに、最も効果的なデザインパターンを詳しく紹介します。

目 次

本書の使い方 ——— iv
よく寄せられる質問 ——— vi
日本語版序文 ——— xii
本書への推薦のことば ——— xiv
はじめに ——— xvi

第1章　子どもとデザイン ——— 001
　　　子ども向けのデザイン、昔は…… ——— 003
　　　……そしていま ——— 005
　　　いいニュース、悪いニュース ——— 006

第2章　遊びと学び ——— 009
　　　これは遊び？　それとも勉強？ ——— 010
　　　子ども向けと大人向けのデザインの対比 ——— 012
　　　大人と子どもの類似点 ——— 015
　　　デジタルデザインのフレームワーク ——— 018
　　　章のチェックリスト ——— 028

第3章　発達と認知 ——— 031
　　ピアジェの世界観 ——— 032
　　認知発達理論 ——— 036
　　感覚運動段階：誕生〜2歳 ——— 036
　　前操作段階：2〜6歳 ——— 038
　　具体的操作段階：7〜11歳 ——— 040
　　形式的操作段階：12歳から成人 ——— 041
　　章のチェックリスト ——— 042

第4章　2〜4歳：小さい身体に大きな期待 ——— 045
　　どういう子ども？ ——— 046
　　視覚要素の明確な序列をつくる ——— 046
　　派手な色を少しだけ ——— 050
　　画面上の要素に割り当てる振る舞いは1つだけに ——— 053
　　前景と背景を明確に区別する ——— 054
　　絵とアイコンは見た目と用途をそろえる ——— 056
　　明快な音の合図を出す ——— 060
　　性差は配慮するが強制しない ——— 063
　　章のチェックリスト ——— 066
　　インタビュー：エミル・オヴマール ——— 069

第5章　4〜6歳："どっちつかずの中間層" ——— 073
　　どういう子ども？ ——— 074
　　社会性を持たせる ——— 074
　　ゲームに学習の要素を入れる ——— 077
　　フィードバックと強化 ——— 080
　　自由度を大きく ——— 082
　　常にやりがいを ——— 083
　　章のチェックリスト ——— 085

第6章　6〜8歳：大きな子ども —— 089

- どういう子ども？ —— 090
- 外界の影響 —— 090
- レベルアップ —— 091
- 説明、説明、また説明 —— 093
- 保存、保管、共有、収集 —— 095
- ルールに従ってプレイする —— 100
- バッジは必要 —— 103
- 見知らぬ人は怖ろしい —— 105
- 章のチェックリスト —— 109
- インタビュー：リネット・アテイ —— 112

第7章　8〜10歳：「クール」な要素を —— 119

- どういう子ども？ —— 120
- 自分は大丈夫 —— 120
- 説明は失敗のあとで —— 121
- 複雑さを上げる —— 124
- 広告はコンテンツではない —— 126
- ユーザー名"うんちあたま"、大いにけっこう —— 128
- 信頼の問題 —— 131
- 人をいやな気持ちにさせないなら嘘もOK —— 133
- 章のチェックリスト —— 139

第8章　10〜12歳：大人の手前 —— 145

- どういう子ども？ —— 146
- 悩ませない —— 146
- 子どもに語らせる —— 150
- モバイルファースト —— 154
- 個性を称える —— 155
- 特化する —— 158
- 章のチェックリスト —— 159

第9章　デザインリサーチ ── 163
　一般的なガイドライン ── 164
　インフォームド・コンセントについて知っておくべきこと ── 167
　参加者の見つけ方 ── 168
　最年少児（2〜6歳児）のリサーチ ── 168
　仕切りたがり（6〜8歳児）のリサーチ ── 172
　　コントロール・フリーク
　エキスパート（8〜12歳児）のリサーチ ── 176
　章のチェックリスト ── 179
　インタビュー：カタリーナ・N・ボック ── 180

第10章　年齢層ごとに見るアプリ ── 185
　2〜4歳 ── 188
　4〜6歳 ── 190
　6〜8歳 ── 194
　8〜10歳 ── 202
　10〜12歳 ── 212
　章のチェックリスト ── 213

第11章　全体のまとめ ── 215
　まずは質問を通じて ── 216
　次に、デザインの細かいこと ── 218
　いよいよ稼働へ ── 221
　子どものためのデザイン……そしてその先に ── 223

索引 ── 227
謝辞 ── 234
著者について ── 237

日本語版序文
── 子どもとデジタルコンテンツ

初めて制作した子ども向け作品は、「へび ＞ びーだま ＞ 魔法使い ＞ いぬ」とメタモルフォーゼする1分間のCGアニメーションでした。日本語を習得し始めた子どもにとっての楽しい言葉あそび「しりとり」。語尾の音素から新しい言葉を探し出して音を繋いでいく様子が、メタボールでできた形が100数個の球に分解し、再び集合して次のモチーフになる3DCGのイメージと合致しており、目と音でしりとりを体験できるような作品をつくることになったのです。

　1984年、デジタルという言葉は一般的でなく、コンピュータと子どもは全く親和性がないと考えられていましたが、NHKの子ども番組の研究グループでは、2歳児にとってCG映像が実写映像よりも数倍注目度が高いという研究結果が出ており、当時所属していた大学の研究室でいくつかの映像を共同制作していました。「TVを見過ぎてアホになる」と言われていたテレビっ子世代の私にとって、子ども番組の1コーナを制作するために多くの専門家が関わり、子どもたちへの効果や影響を繰り返しテストした後に放送するという真摯な制作態度は、大きな驚きでした。

　子ども向けデジタルコンテンツをつくる際に、私が大切にしてきたこと3つ。

1 ‖ 私自身がやりたいこと！　私の中にいる「子どもの私」は楽しんでいるか？
2 ‖ 新しいチャレンジ。考え方や技術、デザインに、驚きと発見はある？
3 ‖ 子どもは笑うことが大好き。この作品のどこで笑顔になってくれるかな？

これらの3つのポイントは、個人の美意識や人生観、笑いのツボによって違ってきますので、正しい答えはなく、それぞれの制作者が独自に考える他ありません。そして、子ども向けコンテンツは、基本的に子どもにとって「よい」こと「正しい」ことである必要があると考えています。また、コンテンツを購入し、視聴の機会を与えるのは保護者の役割ですから、彼らに作品を理解されることも重要です。

他にも多くのケアすべき点があり、私はこの30年間、映像やゲーム、子ども向けデジタルえほんの制作、ワークショップなどの教育現場での活動経験を通して学んできました。他文化への対応もそのひとつです。ゲーム業界では日本・北米・欧州のすべてで販売されることが前提となりつつありますし、アニメーション業界もそうです。アプリや玩具等も、インターネット等を通じて海外のユーザーの手に渡る可能性が高まっています。日本では特に意識しない設定や表現の中にも考慮すべき事柄があり、注意が必要です。低年齢子どもの場合、性別や文化、生活習慣の違いによる作品への反応の差はほとんどないと言えますが、人生の経験を積むごとに社会生活の影響を受け、意外な反応の差が生じる場合があります。

　本書では、具体的なコンテンツのレビューを通して様々な貴重な経験を共有できるとともに、系統立てた子どもの発達と認知についての知見を身につけることができます。また、子どもへのリサーチの方法や法的に考慮すべき点（米国）、保護者に対する具体的な承諾書の文面などは、すぐにでも応用でき、大変実用的な内容となっています。子ども向け作品を制作している人、これから制作したい人のみならず、子どもに関わる仕事をしている人すべての人の助けになるでしょう。
　私たちは、子どもたちに役立ててほしいと願い、コンテンツにあれこれ詰め込んでいます。ところが、ある研究者の実験によると、提供している内容の70％を子どもは忘れてしまうし、理解できていないということでした。70％！ なんとも衝撃的な結果です。それでも、残りの30％は頭の中に残り、さらに一部は経験となり記憶となって、その子どもの後の人生に役立ち豊かさを与えたりできるのです（そう信じたいですね。）。
　右手にクリエイティビティ、左手に本書と知識。そして、あなたの中に存在する子どもの心と、実在する多くの子どもたちに問いかけながら、これからの時代にふさわしい子どもコンテンツをつくっていきましょう。

季里（きり）

ビジュアルプロデューサー／女子美術大学アートデザイン表現学科教授。大阪教育大学美術学科在学中にCGアーティスト活動を開始、大阪大学工学部電子工学科研究生を経て株式会社七音社共同設立。「パラッパラッパー」ではグラフィックス責任者と関連企画のキャラクターアドバイザー、MOMA収蔵ゲーム「ビブリボン」ではキャラクターとグラフィックス、「たまごっちのプチプチおみせっち」では構成とシナリオ担当。現在はデジタルえほんワークショップ等、幅広い年齢層に向けてコンテンツ制作の楽しさを伝えている。

本書への推薦のことば

1人の親として、また30年以上インタラクティブメディアのリサーチャーおよびデザイナーとして働いてきた者として、子ども向けデジタルデザインの世界には、子どもを見下し、むやみに単純化し、明らかに手抜きをしたものが蔓延していることに気づいていました。子どもは"大人じゃない"のだから、エレガントで練り上げたデザインは必要ないと思われてきたのです。「子ども向けデザインは大人向けより楽に決まってるよ。だって、子どもは大人より単純でしょ？『スーパーマン』とか『ET』のライセンスさえ取ってしまえば（昔アタリがやっていたみたいに）、あとは楽勝だよね」。そんなふうに言う開発者もたくさんいます。

　本書の著者デブラ・レヴィン・ゲルマンは、子ども向けのデジタルゲームやアプリをデザインするデザイナーに向けて、この、網羅的で、サンプルが豊富で、思慮に富んだ本を執筆することで、デジタル世界にいる子どもたちに巨大な恩恵をもたらしました。文章自体に有益な情報がわかりやすく詰まっているのはもちろん、スクリーンショットと的確な批評のついた多数のサンプルを加えることで、言葉だけでなく視覚的にもたくさんのことが伝わる構成になっています。内容を彩るケーススタディとインタビューからは、彼女が子どもを直に深く知っていることがよくわかります。各章は、2歳ごとに年齢を区切り、その年齢層の発達面および社会性の面の特徴を明らかにしたうえで、経験に即したデザインの知識が披露されています。また、デザインリサーチの章では、子どもと心を通わせ、彼らの考え方と好みを"吸収する"——著者ゲルマンの言い方を借りれば——ための方法が示されています。

　本書を読み通してみて、いくつかの知見が私の目をとらえました。ある箇所は私自身が経験したこととよく似ていたため、またある箇所は非常に驚いたためです。たとえば2〜4歳児向けのデザインの章を読んだときには、階層構造と注目すべきポイントを子どもにわかりやすく伝えるために、視覚に訴える標識（インジケータ）をどう活用すればいいかについて、著者は念入りに分析しており、私は著者の苦

心を知って驚くと同時に感じ入りました。うるさい音を立てながら、同じ行動を繰り返す子どもに親がイライラさせられる様子など、まるで自分の姿を見るようでした（とはいえ、うるさい音を延々と鳴らす地獄のおもちゃなんてドライブウェイに放り投げて車で踏みつぶすべき、という私の長年の考えに変わりはありませんが）。4～6歳児向けの章にあった、「ときには、一人称で表現するだけで簡単に社会性を感じさせられることもあります」という著者の観察には「なるほど」と思わされました。私は性別やテクノロジーやプレイの様子の関係について、何年もリサーチを続けてきましたので、デザイナーが性差に対応するときは、子どもはこういうものだという思い込みではなく、子どもがどんなふうにプレイするかを指針にすべきだという著者の発見的考察に深く共鳴します。

「クリティカルシンキング（批判的思考）」と呼ばれる能力を、デザインを通じていかに上手に育んでいくかについての観察と発見に、私は特に惹きつけられました。広告とコンテンツの違いを認識できる年齢に達した子どもに、両者のデザインを区別して示すことは、メディアの存在やその意図を見抜く力を育てる手助けになります。あちちこちにちりばめてあるヒントのなかで気に入ったものの1つは、年少の子ども向けのエクスペリエンスでは「負けること」や「まちがえること」をおもしろくする、ということです。おもしろい失敗という考えは、批判精神や勇気につながり、融通性と創造性を豊かに備えた大人の形成に役立ちます。こうした資質こそ、デザインに関する著者の知見を応用することによって、いっそう伸ばされるものなのです。

　本書は主題について簡潔かつ実践的に論じながら、そこここに子どもに対する慈しみと敬意がにじみ出ています。インタラクションを盛り込んだ子ども向けプロダクトをデザインするすべての人が、本書を読んで胸に刻み、実際に役立ててくださることを願っています。

カリフォルニア州サンタクルーズ・マウンテンズにて
ブレンダ・ローレル

はじめに

子どものメディアに興味を持ち始めたのは、もう何年も前のことです。大学時代に私は、才気あふれるパトリシア・アウフデルハイデ博士の「子ども向けテレビ」に関する科目を受講しました。当時、小さい子どもの母親だったアウフデルハイデ博士は、現実世界の例と認知心理学の原則を結びつけ、子ども向けに価値のあるメディアをつくることが、どれほど知的刺激に満ち、やりがいがあり、しかもむずかしいかを教示してくださいました。博士からの指導を通じて私は、視覚表現のリテラシー（基礎能力）の大切さを学びました。このリテラシーがあれば、子どもはデザイン上の表現が何のためのものか——情報伝達なのか宣伝なのかコントロールなのか訓練なのか——を判断することができます。また、本当に優れたものはごく一部だけで、子ども向けテレビ番組の大半はベールをかぶった宣伝であることを知ったのもこの頃です。子ども向けテレビ番組は、1980年代中頃に規制が緩和され、それまでは制作されていた質の高い番組が、30分間のアニメショーと見せかけて実は商品のコマーシャルという番組に取って代わられました[1]。私はメディアへの興味を募らせ、『セサミストリート』や『リーディング・レインボー』のような番組の台本をいつか書きたいと想像するようになりました。

　そしてインターネットの時代が到来したのです。私は大学院に進み、教育工学の草分けであるシーモア・パパート、ブレンダ・ローレル、シェリー・タークルの理論を学び、すばらしく有能なエイミー・ブルックマンと研究を進めることになりました。インターネットは子どものメディアをよくするためのあらゆる種類のドアを開ける力を持っていますが、そこに至るまでにはまだ長い道のりがあることを学びました。

　その後、私は子どものウェブサイトをデザインする仕事に就きました。Crayola、Scholastic、PBS、Comcast、Campbell's Soup Company、Pepperidge Farmなどの企業と仕事をし、その過程で数百人の子どもと出会いました。子ども向けのデザインには、あくまでも彼らは子どもだという姿勢で取り組みました。子どもは小さな大人ではなく、演繹的推理能力も抽象思考も論理的に発展させる能

力も持っていないのです。

　娘が2歳になった頃、子どものメディアはより身近な存在になり、より批判的に見るようになりました。当時iPhoneは世に出て間もない頃でしたが、キーボードもマウスも高度な微細運動能力も必要としないこの機器を子どもの教育や遊びに使えたら、という考えに私はすっかり魅了されるようになります。子ども向けアプリのデザインについてヒントやテクニックを探しましたが、有益な記事がいくつか見つかりはしたものの、異なる年齢層の子ども向けに優れたデジタルプロダクトをデザインする方法についての包括的な資料はないことがわかりました。そこで、エレベーターピッチ［プロダクトの最も重要な部分を簡潔に（エレベーターを下りるまでの1分程度の時間で）説明すること］を素早くまとめ、ルー・ローゼンフェルドに会いに行きました。そのときの会話が、この本につながったのです。

　この本を書き始めたときは、子ども向けデザインの最高のハウツー本にしようと意気込んでいました。しかし執筆が進むにつれ、子ども向けデザインに使う技法の多くは、年齢層を問わない、誰にとってもすばらしいエクスペリエンスをデザインするためにも使えることがわかりました。本書が読者の皆さんにとって価値があり、デザインの道を極めるための——デザインの対象者が誰であれ——一助となることを切に願います。

2014年5月13日
ペンシルバニア州フィラデルフィアにて
デブラ・レヴィン・ゲルマン

1）http://www.awn.com/animationworld/dr-toon-when-reagan-met-optimus-prime

サヴァンナ・W、3歳

第  章

子どもとデザイン
KIDS AND DESIGN

子ども向けのデザイン、昔は 003
……そしていま 005
いいニュース、悪いニュース 006

「未来を「停止」することはできない。
過去を「巻き戻す」ことはできない。
秘密を知りたければ
……「再生」ボタンを押しなさい。」
　　── ジェイ・アッシャー（アメリカの作家）

30年前、コンピュータがまだ珍しく、おそるおそる使うような特別な機械だった頃、子どもは週に数時間、学校の授業で触るぐらいしかできませんでした。しかしいまや、コンピュータはどこにでもあり、世界中の机や店頭や教室に鎮座しています。20年前、子どもがBASIC［手続き型プログラミング言語。コンピュータの初期の時代から広く使われている］を覚えたりゲームで遊んだりしようとすれば、フロッピーディスクを与えられ、そばには常に大人の目がありました。しかしいまや、子どもですら自分専用のノートパソコンとタブレットを持ち、自由にネットの海を探検しています。10年前、見知らぬものへの不安から、ワールド・ワイド・ウェブというものに尻込みする子どももいました。しかしいまや、恐怖も気後れもほとんど感じずに、子どもはウェブの世界に──さまざまなアプリやソーシャルメディアやMMORPG［多人数参加型のオンライン・ロールプレイング・ゲーム］などにも──果敢に挑んでいます。

　いまの世代の子どもはデジタルネイティブです。生まれたときからずっと、生活の一部にテクノロジーがありました。前の世代とは違い、デジタルネイティブは自分からテクノロジーに働きかけるのではなく、自分を快適にするためにテクノロジーが存在する、と考えます。「リセット」も「アンドゥ」も「もう一度プレイする」も楽々と使いこなします。彼らにとってテクノロジーは、表現し、実験し、コミュニケーションをとるための道具なのです。こうした「小さい大人」のためのサイトをデザインする作業は、これまでにないほどむずかしく、同時に、きわめて大きな知的興奮を伴います。

　まず、インターネットの幼少期に、子ども向けのデザインがどういうものだったかを振り返りましょう。次に、インターネットが青年期を迎えたいま、それがどう変わったのか見てみましょう。

子ども向けのデザイン、昔は……

子ども向けのウェブサイトを私が初めてデザインしたのは1998年のことです。就学前の子どもに簡単なスペイン語を教える、ジョージア・パブリック・テレビジョン社のテレビ番組『サルサ(Salsa)』の併設サイトでした(図1.1)。このウェブサイトでは、深緑色の背景に黄色い文字を浮かび上がらせたり、GIFで絵を回したり、(当時はガクガクした動きしかできませんでしたが)映像を載せたり、ショックウェーブに組み込んだゲームをプレイできるようにしたりなど、さまざまに工夫しました。ナビゲーションが込み入りすぎ、説明部分も多すぎるきらいはありましたが、精一杯の仕事をしたことを誇りに思いますし、「優秀ウェブサイト賞」などの賞も獲得することができました。

図1.1｜私が初めてデザインした子ども向けサイトのスクリーンショット、1998年頃。

『サルサ』はいまも放送されていますが、ウェブサイトの方はとっくになくなりました。初期のウェブを振り返ると、当時は子ども向けのサイトも大人向けと同じようにデザインされていました。ただ絵を増やし、使う色を増やし、文字を大きくしただけでした。見た目を「大きく」すれば、子どもの注意を惹けると考えたのです。たしかに、モデム速度は遅く、ウェブセーフカラーは十分でなく、モニターも小さかったですが、そうした制約を割り引いても、当時のデザイナーは発想を変えてもっと子どもに合ったやり方を探そうとはしていませんでした。

　それどころか、まったく逆のことが起きていました。子どもをウェブからなるべく遠ざけ、世界中から家庭のPCに押し寄せる大人向けのニュースや画像や情報が子どもの目に触れないようにすることばかりに心を砕いていました。あちこち

に出現した「お勉強に役立つ」サイトも、むずかしい箇所や込み入ったところは、責任ある大人がそばにいて手助けすることを前提にしていました。おもしろいけれど得体の知れないこの新しいテクノロジーを、子どもに使いこなせるとはとうてい思えなかったからです。

> [NOTE｜絵と色の先に]
> ウェブが幼年期の頃から、子ども向けのサイトはありましたが、子ども特有の認知作用や、筋肉の動き、技術面および感情面のスキルを真っ向から意識してデザインするようになったのは、ここ10年ぐらいのことです。

図1.2は、20世紀の終わり頃から使われてきた、子ども向けウェブサイトの原型ともいえる『エンチャンテッド・ラーニング（Enchanted Learning：勉強っておもしろい）』の雰囲気がよくわかるスクリーンショットです。このサイトは、親や教師の監督のもとで使うようにつくられました。子どもの教育に役立つ内容を盛り込んではいたものの、デザインが古くさく、色は多すぎ、格子の区切りは平板で、絵も小さいために、子どもにはわかりづらく、使い勝手もよくありませんでした。とはいえ、このサイトが初めてつくられた1996年当時は、デジタルデザインの観点では、年若いユーザー向けに出せる知見のすべてがこれに結集されていました。フラッシュプレイヤーはまだ世に出ておらず、双方向性や関心を惹きつける魅力は十分でなく、つくり手側は、ユーザーは誰でも読めてマウスを使えて大量の絵がダウンロードされる時間を辛抱強く待てると想定していました。大きな勘違いですね！

図1.2｜典型的な子ども向けサイト『エンチャンテッド・ラーニング』、1990年代半ばに登場。

……そしていま

いまは、私たちも賢くなっています。テクノロジーが進歩し、子どもがこのテクノロジーをどう使うのかがわかってきて、快適さと信頼についての感覚も磨かれ、デザインと開発に広範に使えるツールキットが整ってきました。この結果、アップル社のApp Storeに「キッズ」カテゴリがつくられたことからもわかるとおり、子どもにとって最高のエクスペリエンスをデザインしようという気運が新たに生まれました。その一環として、現実世界と仮想世界をつなぐ、クロスチャネル[ユーザーとの接点（チャネル）が複数存在し、相互に組み合わさっている状態]のエクスペリエンスも登場しています。子どもが触れるテクノロジーは、子どもの認知能力と感情と知力を豊かに伸ばし、健やかな発育を促せるものにし、そうしたテクノロジーに子どもが触れる時間を増やすべきだと私たちは気づき始めています。しかし、あとで述べますが、そのためにやらなければいけない作業は数多く残っています。

　昔といまの違いを比較するため、『DIY』をとりあげてみましょう。子ども向けに登場したすばらしいデジタルエクスペリエンスが今日、何をもたらすのかを知る絶好の例です。

　『DIY』は、子どもだけのためにつくられたウェブサイトです（連携アプリもあります）。配慮された色づかい、触れて操作できる大きなボタン、わかりやすいナビゲーションと動線が特徴で、日々成長する子どもの認知能力に向けて、クロスチャネルの接点をすべて統合したすばらしいエクスペリエンスを提供できるようになっています。『DIY』を通じて子どもは、おもしろそうな課題をオンラインで見つけ、それを「現実の世界で」つくったり、再びデジタルの世界に戻って友だちと共有したりします。『DIY』は、見る、並べる、分けるなど、6歳以上の子どもがテクノロジーをどんなふうに使いたいのかを見事に反映させました。さらに、現実世界での活動も手助けしているのです。幼い子どもは、物理的な空間での遊びとデジタルな空間での遊びをなかなか区別できませんが、『DIY』のシームレスなクロスチャネルのおかげで、こうした区別はほとんど必要なくなりました（図1.3）。

　明快で揺るぎのない信念のもとでデザインされた『DIY』はさらに、インタラクションデザインのパターンのうち12歳未満の子どもにぴったり合うものを用いています。単純明快なフロー、扱いやすくわかりやすい体裁で並んだたくさんの選択肢、確実なナビゲーションによって、子どもは自分がいま何のためにサイトにいてどう使えばいいのかを正確に知ることができます。本書では、これについての

例を適宜紹介していきます。

図1.3 『DIY』。子ども向けデジタルデザインに新しい方向性を示すクロスチャネルのエクスペリエンス。
http://diy.org

いいニュース、悪いニュース

いいニュースは、子どもが利用できる『DIY』のようなサイトやアプリが日々増えていること、悪いニュースは、まだまだ足りないことです。たいしたエクスペリエンスをもたらさない、どうでもいいアプリやサイトやゲームや玩具が、子どもの学び方や遊び方にほとんど配慮しないまま無造作に投げ込まれていて、その数はいまだに非常に多いのです。私たちデザイナーの前には、子ども向けにすばらしいエクスペリエンスをデザインするという、ほとんど開拓の進んでいない巨大なチャンスが広がっています。同時に、それだけの責任も負わなければなりません。

　コミュニケーション・アンド・メディア協議会は、2013年10月に実施した調査をもとに、アメリカの子どもは平均で1日8時間、テレビ番組やテレビゲーム、ウェブサイト、モバイル機器など何らかの画面を見ているという結果を発表しました[1]。私たちデザイナーは、この時間を増やそうとするのではなく、時間の質を高めるべきです。インタフェースを改良し、エクスペリエンスを豊かにし、内容を厳選し、

---

1) Council on Communication and Media、2013。「Children, Adolescents, and the Media(子どもと少年とメディア)」、『Pediatrics(小児科)』誌、132:958-961

付随するツール類もよく練って、子ども向けアプリの品質を高めるのです。本書は、読者の皆さんがこれを実現する手助けをします。さぁ、キッズとデザインの世界に飛び込んでいきましょう。

ザカリー、10歳

第 2 章

遊びと学び
PLAYING AND LEARNING

これは遊び？ それとも勉強？ ………… 010
子ども向けと大人向けのデザインの対比 … 012
子どもと大人の類似点 …………………… 015
デジタルデザインのフレームワーク ……… 018
章のチェックリスト ……………………… 028

「1年会話をするよりも、1時間遊ぶ方が、人について多くを知ることができる。」
―― プラトン

ある4歳児の誕生パーティーの場で、2組の両親たちと交わした会話が印象に残っています。テーマは子どもにとってのiPadとテレビ視聴の功罪についてでした。画面（iPadにしろテレビにしろ）を見る時間に制限を設けているかどうか、私はその2組の両親に尋ねてみました。母親の1人は、iPadで「ゲームをさせること」を強い調子で批判しました。彼女が自分の息子――非常に賢い4歳児で、一流の人物への階段をのぼりつつあるとのこと――に許しているのは、年齢に合った読書と算数のアプリを1日に1時間ほど、あとは寝る前にテレビを2時間だけだと言いました。

別の母親は、3歳の娘に、iPadでのゲームも動画視聴も娘がしたいときにさせていると言います。娘の好きなゲームは『アングリーバード（Angry Birds）』。母親の話では、娘ははじめ、鳥を後ろ向きにしか飛び立たせられずイライラしましたが、じきにスリングショットの向きの変え方や、鳥を標的の方へ飛ばすやり方を覚えました。この母親は、娘が敵キャラの豚をやっつけて大喜びしている様子や、そのゲームの意図どおりに「遊べている」ことを好意的に語りました。さらに、手と目の反射神経がすばらしく進歩したとつけ加えました。もう一方の母親（息子の母親）は、あきれたように首を振り、ゲームを許す時間の長さやiPad上で動画を見せることにあからさまに反対を示しました。

これは遊び？　それとも勉強？

2組の親子のうち、一方が正しくて一方がまちがっているのでしょうか？　何とも言えません。子どもと画面視聴時間についての調査は数えきれないぐらいたくさんありますが[1]、テレビや双方向メディアが子どもの発育にどう影響するのかは、

---

[1] V. Rideout, E. Hamel, and the Kaiser Family Foundation. 『The Media Family: Electronic Media in the Lives of Infants, Toddlers, Preschoolers, and Their Parents』(Menlo Park, CA: Kaiser Family Foundation, 2006). F.J. Zimmerman and D.A. Christakis. Associations Between Content Types of Early Media Exposure and Subsequent Attentional Problems. 『Pediatrics』120, no. 5 (2007): 986-92.

本当のところまだよくわかっていないのです。とにかくはっきり言えるのは、ここの例で挙げた子どもは2人とも、遊び、学んでいるということです。昔ながらの方法で読み書きと算数を勉強しているのか、それともゲームを通じて物理学の知識と反射神経を磨いているのかにかかわらず、子どもは2人とも、いつか彼らの人生に役立つアイデアやスキルや戦略を画面から学んでいるのです。また、外界を解釈する新しい枠組みも育んでいます。

大人は忘れがちですが、子どもは遊びを通して学び、共感し合うものです。デザイナーには通常、デザインの利用者を理解し、彼らの好む仕事のやり方を知って、それにもとづいてエクスペリエンスをつくり上げる責任があります。一方、子ども向けのデザイナーの場合は、子どもは遊びのなかで彼らの仕事（学習など）をしたいものだということを踏まえておかなければなりません。

残念ながら、多くの国々の教育システムは、遊びと勉強は別個の活動であると教えてきました。遊びは遊び場で、勉強は教室で、というわけです。実際、子どものためのデザインをするときにデザイナーが遊びの重要性を語ったとしても、直後にこう続けることがよくあります。「でも、ぼくは子どもの教育に役立つものをつくりたい。ただのゲームを1つ増やすだけじゃいやなんだ」。

現実問題として、子ども向けサイトと子ども向けゲームのうち、大きな成功を収めているものは、根本的なところに学習が組み込まれています。『アングリーバード』や『スワンピーのお風呂パニック（Where's My Water）』のようなゲームは、5歳ぐらいの小さな子どもにも、込み入った物理の法則を自然に教えています。『ウェブキンズ（Webkinz）』や『クラブペンギン（Club Penguin）』[2]のようなサイトは、お金の仕組みや管理の仕方、人助けの心を教えています。『トッカ・バンド（Toca Band）』や『ベイビー・ピアノ（Baby Piano）』のようなアプリは、作曲の基本を教えてくれます。これらのエクスペリエンスが、従来式の「お勉強」ゲームと大きく違うのは、遊びを中心に据えていることです。重要なゴールが教育にあるとはいえ、子どもはゲームの複雑なたくらみを解き明かすのに懸命で、教育の匂いをほとんど感じません。

2） http://massively.joystiq.com/2008/02/10/club-penguin-kids-turn-mmo-fun-into-1-million-for-charities/

> [NOTE｜辞典では……]
> メリアム・ウェブスター辞典では、「遊び」の項目には、「特に子どもが自発的におこなう、楽しみを得るための行動」など、さまざまな定義が記載されています。これに対し、「学習」の項目には、「調査、実践、指導を受けること、または、何かを経験することによって、知識または技能を獲得する活動または過程」とあるのみです。

子ども向けと大人向けのデザインの対比

子ども向けにデザインするのと大人向けにデザインするのとでは、違いがあることをここまで述べてきました。でも、どんなふうに違うのでしょうか？　現実には、数年前に考えられていたよりもはるかに些細で微妙な違いしかありません。大人向けに──大人向けのゲームも含めて──デザインするときには、プレイヤーにうまくゴールテープを切らせることが目的です。しかし子ども向けの場合には、ゴールテープが物語に占める位置はほんのわずかです。考慮すべき主な違いを以下にまとめます。

◎やりがい
◎フィードバック
◎信じやすい
◎変わりやすい

やりがい

子どもは、ゴールがどこにあるかに関係なく、やりがいと衝突（コンフリクト）を喜びます。一方、大人は、口座の残高確認や電子メールのチェックなどの定常業務中には、何からも邪魔されずに淡々と進むことを望みます。幼稚園児や小学生向けにすばらしいアプリを開発しているスウェーデンのトッカ・ボッカ社は、子ども向けのこのコンセプトをiPadのゲーム『トッカ・ハウス（Toca House）』で見事に具現化しています（図2.1）。このゲームでは、掃除機を使ってカーペットをきれいにします。トッカ・ボッカ社のデザインチームは、吸い取ったよごれをさっと消すのではなく、ゆっくり消えるようにし、より大きなやりがいが感じられるようにしました。引っかかりをこのように長引かせることは、大人にとってはわずらわしいだけですが、子どもは大好きなのです。トッカ・ボッカ社の共同創立者、エミル・オヴマールに

よれば（第4章の最後に彼のプロフィールとインタビュー記事を掲載します）、やりがいを増やすことで子どもにとって達成感がいっそう大きくなり、アプリがもっと楽しくわくわくするものになるのです。

　衝突（コンフリクト）は大人にとっても大切ですが、それはもっと大きなレベルでの話です。大人向けの映画やゲームのなかの衝突は、物語を動かす働きがあります。一方、子ども向けには、よごれたカーペットを掃除するようなごく小さな衝突を設けることで、子どもの内面のもやもやを解消する手助けをします。レゴ社は「衝突のある遊び」について興味深い調査を実施していて、衝突が「以下に挙げるスキルを子どもが育んでいくのに役立つ」と報告しています。

◎自分の行動に他者がどう反応するかを予測する
◎自分の感情をコントロールする
◎明確なコミュニケーションを図る
◎他者の考え方を理解する
◎意見の不一致を上手に解消する[3]

図2.1 ‖ 適度な「衝突」を設けて子どもの関心を惹きつける『トッカ・ハウス』。

フィードバック

デジタル空間で何かをしようとするとき、目で見て、音として聞こえるフィードバックが子どもは大好きです。子ども向けにデザインされたサイトやアプリを開いてみると、操作するたびに何らかの反応があるはずです。一方、大人は、処理が正

3）http://parents.lego.com/en-us/childdevelopment/conflict-play

常におこなわれたとき、あるいは何か誤りがあったときにフィードバックを得ることを好みます。子どもとは異なり、大人は、マウスが動くたびに、あるいはモバイル機器でのジェスチャーのたびに、音やアニメーションが発生するとうるさく感じるものです。オンラインで帳簿の残高を合わせようとしているとき、数字を入力したりリターン・キーを押したりするたびに拍手が聞こえたり、ちょこちょこと絵が動いたりする状況を想像してください。うんざりするでしょう？　でも子どもは違います。自分のすること1つ1つにご褒美がほしいのです。

信じやすい

子どもには一般に、大人よりも何かを信じやすいという性質がありますが、その理由は自分の行動が招く結果をあらかじめ見通すことができないからです。子どもに、ネット上で知らない人に話しかけてはいけないとか、個人情報を開示してはいけないと教えることはできても、当人は、何かよくない結果が起きないかぎり、自分がオンラインでおこなうことの結果を十分に予測することはできません。こうした状況は10代になっても続き、だからこそ、少年少女はオンラインでもオフラインでも危なっかしい行動をとってしまうのです。

　2007年、テンプル大学のローレンス・スタインバーグ博士は、脳の働きのなかでも衝動抑制に関わる認知制御系の部分は成熟速度が遅いため、思春期と成人期の間にいる子どもは危険な振る舞いをしがちだと述べています[4]。参加者を13歳以上に限定しているフェイスブックなどのアプリは、危険な行為を勧めているわけではありませんが、子どもが「友だちづくり」を装う見知らぬ人物を信じないように防護する手立てをほとんど講じていません。デザイナーは、子どもが「信じやすい」という問題を理解し、彼らが危険な目に遭わないための安全策を構築する責任があります（この点については第6章で掘り下げます）。

変わりやすい

誰でも知っているとおり、子どもは目を見張る速さで変わっていきます。3歳児向けにデザインしたアプリは、6歳児にはおそらく適さないでしょう。この理由から、本書では2歳刻みで内容を分け、年齢ごとの前提や対応の違いを理解しやすい

---

4) Laurence Steinberg, Risk-Taking in Adolescence: New Perspectives from Brain and Behavioral Science. 『Association for Psychological Science』16, no. 2 (2007): 55–59.

構成にしました。

　かつて私は、6歳から11歳向けのウェブサイトのデザインを依頼されたことがありますが、この年齢幅はあまりにも広すぎました。結局、遊びに制限を設けるのではなく、年齢に合ったコンテンツとアクティビティにアクセスできるように、複数の層をデザインしました。うまくいきましたが、私としてはもっと狭い年齢幅に切り分ける方が好きですし、その方が子どもによりアピールし、たくさん利用してもらえると考えています。

　一方、大人はどの年代も認知能力の面に大きな違いはなく、子どもに比べればほとんど変化しません。

子どもと大人の類似点

これまで挙げたとおり、大人向けのデザインと子ども向けのデザインにはさまざまな違いがありますが、一方で類似点もあることを知っておいてください。たとえば以下のようなことです。

◎一貫性
◎目的
◎余計な驚き
◎おまけ

一貫性
アプリをデザインするときには、デザインパターンに一貫性を持たせてください。子どもも大人も、不必要なアイテムや統一感のないアイテムを見せられるとうんざりします。画面上でクールなことを起こせるアイテムを子どもは何でも大好きだという意見をよく見かけますが、これは誤りです。実際はまったく逆であり、子どもが画面上にあるクールなアイテムを好きになるのには、その子どもなりの理由がある場合だけです。

　子どもが「衝突を喜ぶ」とはいっても、やりたいことを邪魔するものや、勝手に動く絵や、ゴールとかけ離れたアイテムには、子どもも大人と同じようにイライラするおそれがあり、そのゲームなりアプリなりにまったく興味を失うきっかけになりかねません。さらに、画面上で動くものすべてが派手な色をしていたり、いちい

ち同じ音量の音を立てたりするのであれば、子どもも大人もどれが自分の操作の結果でどれがそうでないのかわからなくなり、そのサイトやアプリを使い続けるのがつらくなります。大人向けのデザインの共通原則は、ユーザーとのインタラクションを途絶えさせず、常にフィードバックを与え、ユーザーがそのサイトやアプリの使い方を簡単に覚えられるようにすることです。同じことが、子ども向けの場合にも当てはまります。

目的

大人と同じように、子どもも、あるサイトやアプリを使うのには理由が必要ですし、その理由が最初から明らかであることを求めます。子どもは、探索にしろ学習にしろ大人よりも受け入れやすいですが、一方で、ゴールや目的にすぐに熱中できなければ、たちまち飽きてしまいます。

　たとえばゲームなら、そのゲームは楽しいでしょうか？　ツールなら、子どもが何かをしたり学んだりするのに役立つでしょうか？　子どもが本格的に熱中するには、その前に、なかに何があるのかを知る必要があります。詳細な案内やハウツーの動画を必ずつくらなければならないというわけではありませんが、ユーザーがどうもこのアプリはおもしろくなさそうだと判断する前に、それがどんなもので、どんなふうに動くのかを明確に伝達する必要があります。

余計な驚き

子どもも大人も、サイトやアプリがどんなふうに動くか期待を膨らませ、その期待が満足されることを喜ぶものです。無意味に驚かされることにも、期待していた動きから逸脱したエクスペリエンスを与えられることにも、たいして関心はありません。

　大人がオンラインで何かを購入する場合、支払い処理をおこなったら、別の商品を売りつけようとするポップアップ広告ではなく、支払い確認のメッセージが表示されるのを期待するでしょう。子どもがゲーム内で宝物を箱に入れたら、その箱を開ける能力を得て、中身を確認できるようになりたいと思うでしょう。だからといって、箱を必ず開けて、引き出しも全部引っ張り出して、そこにあるはずのアイテムをかき回すことを強制されるのは望まないはずです。

おまけ

おまけ(Lagniappe)という言葉を初めて聞いたのは、私の編集者のマルタからでした。おまけとは、楽しんでいるユーザーやお客に与えられるちょっとした余得──たとえば「イースターエッグ」──です。大人も子どもも、思いがけないところで現れてサイトやアプリのエクスペリエンスを高めてくれる小さなインタラクションを喜びます。たとえば、ツイッターの「プルダウンしてリフレッシュ」オプションは、提供した内容がアップデート中であることを、小さなアニメーションを通じて教えてくれます。子どもが『トーキングカール(Talking Carl)』を開き、何も操作しないまま数分間放置すると、やさしく歌を歌い始め、子どもに注意を促します。ただし、「余計な驚き」と「思いがけない楽しみ(おまけ)」は同じではありません。「余計な驚き」は、びっくり箱がいきなり開いて人を縮み上がらせるようなこと、「おまけ」は、プールのチェアで日光浴をしているときにホテルからフローズン・グレープが進呈されるようなことです。

[NOTE∥伝統行事ではない方のイースターエッグ]
ウィキペディア(英語版)では、イースターエッグを「コンピュータプログラムや映画、書籍、クロスワードパズルなどに潜ませた、内輪のジョークや隠しメッセージや隠し機能」と定義づけています。ゲームデザイナーのウォレン・ロビネットによれば、この意味のイースターエッグ(復活祭のために飾りつけた伝統的な意味のイースターエッグではない)は、彼がアタリ社で開発したビデオゲームの『アドベンチャー』(大ヒットしました)に秘密のメッセージを組み込み、同僚たちがそれに気づいて言い始めた造語だそうです。

子ども向けにデザインをする場合には、こうした相違点と類似点を意識しなければなりません。子どものためにデザインすることは、決して、大人を対象としたコンテンツや画像やインタラクションの「レベルを下げる」ことではありません。ユーザーの認識、身体、感情面の現在地を把握し、ユーザーを適切な位置に導けるデザインが求められます。かといって、子ども向けのデザインを、大人向けとはまったく別のものとしてとらえてしまうと、優れたデジタルデザインの根幹をなす重要な慣習やパターンを見失うことになり、やはり望ましくありません。

デジタルデザインのフレームワーク

子ども向けのデザインのプロセス全般は、大人向けの場合と似ており、ユーザーをリサーチしたり、結果を分析したり、プロダクトをデザインしたり、テストしたりする必要があります。ただし、そのやり方はかなり異なります。私は、子どものためにデザインするときのこのプロセスを「4つのA」と呼んでいます。吸収(absorb)、分析(analyze)、構築(architect)、評価(assess)です。以下に示すようにステップはたくさんありますが、求めるものも成功の物差しになるものも、大人の場合と同じではありません。

吸収

ユーザーエクスペリエンスのデザイナーは、さっさとスケッチブックを開いて、これからつくるつもりのサイトやアプリのアイデアをスケッチし始めたいところでしょう。頭のなかにあるすばらしいアイデアをいろいろ膨らませ、どういう形にしていくかを考えたいはずです。大人を対象にデザインする場合には、対象者のニーズや期待がおそらくはすでにわかっているため、このやり方でうまくいくこともあります。しかし、相手が子ども ── 特に幼い子ども ── で、彼らを本当に理解したいのなら、じっくり観察しなければなりません。デザイナーがこんなふうに言うのを聞いたことがあります。「ぼくは自分が子どものときどんなふうだったかを覚えているから、観察調査なんかしなくてもたぶん大丈夫だよ」「私にはターゲットと同じ歳の子どもがいるから、自分の子どもを参考にしてデザインするわ」。まったくそうではありません。前に説明したように、いまの時代のデジタルネイティブは、私たちが子どもだった頃とは様変わりしています。彼らの振る舞いもニーズも期待も変化し続けています。ですから常に、たとえ少人数の子どもしかいなくても、何らかのレベルで吸収をおこなう必要があります。

　最初のステップは、時間をかけて子どもを観察することです。彼らが子どもの環境のなかでどのように遊び、コミュニケーションをとり、モノ(対象)を動かし、周囲と影響を及ぼし合うのかなど、何でも吸収するのです。観察すればすぐに気づきますが、子どもには、大人の持つ演繹的な推理能力がないため、形のないアイデアと現実の触れ合いの間にある認知上のギャップを埋めることができません。また、言葉で自分自身を表現することもまだ上手にできません。子どもが何を望んでいて、どんなことに動かされるのかを理解するには、観察調査が必要です。

単なる観察にとどまらず、子どもが行動と発話を通じて示す豊富なデータをすべてすくい取るのです。

　観察調査には比較的簡単に実施できるという長所があります。テスト項目を練り上げたり、最先端のテクノロジーを備え、人員補充に複雑な手順を踏まなければならない立派な研究所を設けたりする必要はありません。子どもの年齢に合った玩具やゲームをたくさん置いた部屋が1つあれば済みます。できれば、何人かの子どもの自宅を訪問して、彼らの日常の様子を観察できればさらに望ましいと言えます。ただし、観察調査を実施する前に、この調査から何を得たいのか、得たデータをどのように使うつもりなのかを、明確にしておく必要があります。たとえば、協力して何かをつくり上げるアクティビティに6歳の女の子たちがどのように取り組むかを観察し、ゲームづくりの参考にしたいのなら、適切な材料をあらかじめ用意し、調査対象の女の子の人数を調整し、子どもたちが打ち解けて一緒に何かをつくれるだけの十分な時間を確保する必要があります。

> [TIPS 適切な参加者とは]
> 吸収セッションでは、そこから何を得たいのかを明確にしておくだけでなく、適切な参加者を配置することも重要です。たとえば、iPadでプレイするゲームをデザインするのなら、iPadを使い慣れている子どもを観察すべきです。こうすれば、参加者がゲームのコンテキスト(文脈)を理解できるという前提に立つことができます。

　デザインリサーチに関しては第9章で字数を割いて説明しますが、いまのところは、子どもの遊び方を観察して吸収することの重要性をひとまず覚えておいてください。子どもは、遊び方や、選んだ遊び道具、その遊び道具で遊ぶ時間の長さ、別の遊び道具に切り替えるタイミングなどから、実に多くのことを観察者に伝達します。

　また、遊びの種類には、あなたがつくろうとしているアプリやサイトに関係のあるものを選ぶことが大切です。子どもに作曲させるアプリやサイトをデザインする場合には、子どもに好きな楽器を選ばせたうえで、どんなふうに使うかを観察するのです。たとえば、幼い子どもは木琴をただたたくだけなのに、年長になるにつれ、メロディーを奏でようとする、といった具合です。

　乗用車やトラックを扱うサイトをデザインするのなら、子どもに乗り物の玩具を与え、彼らがどんなふうに扱うのかを見ます。ある子どもは車を一列に並べ、別の子どもは傾斜のあるところで競走させるかもしれませんし、乗り物それぞれを

擬人化して名前を与え、人形やぬいぐるみ遊びと同じように、互いに「会話」をさせたりする女の子がいるかもしれません。

　子どもがそこにあるモノをどう扱うかについても、特に細かい注意を払う必要があります。子どもは──特に年齢の低い子どもは──「玩具指向」を非常に強く持っています。新しいゲームを編み出したり、ごっこ遊びをしたりするのではなく、形のある物体を使って遊ぶのを好むということです。こうした振る舞いがよく見られるのは、小さい子どもは自分の周りの世界にどう溶け込めばいいかをまだ模索しているからです。空間にある物体とつながりをつくったり、切り離したりする必要があるのです。子どもがどの程度「ルールのとおりに遊ぼうとする」かをよく見てください。おもちゃのパイロットを飛行機の操縦席に乗せて飛行機ごっこをするでしょうか？　飛行機を逆さまにするでしょうか？　動物やクレヨンやトラックを載せるでしょうか？

　おそらくごちゃ混ぜになるでしょう。この観察は、開発するサイトやアプリのルールをどう設定するかを決める助けとなります。あなたが用意したモノに、子どもが頻繁に一般社会の普通とは違う動きをさせようとするのなら、モノの本来の用途から離れ、何かおもしろいことにそれを使えるようにアプリを工夫することが考えられます。観察調査を通して、年齢による子どもの動きの違いにおそらく気づくでしょう。3歳児にとって、周りにある普通のモノを好きなように扱うほど楽しいことはありません。しかし6歳児になると、もっと秩序のある遊びを好むようになり、モノも本来の意図どおりに使うようになります。

分析

観察調査をひととおり終えたら、コンテンツとデザインにどのように影響するかを見きわめる必要があります。私のやり方としては、まずフローを中心に考え、それからアクティビティを種類ごとに分け、パターンを正しく識別できたことを確認します。それから、つくろうとしているものが何であれ、一般的なデザイン手順を綿密に1つずつたどります。人によってやり方は違いますから、フローをすべてスキップして、個々のインタラクションを重視し、パターンとトレンドを書き留めて、これらが外からどんなふうに見えて、どんなふうに機能するかを考察する人もいます。チームの一員として作業している場合には、まず、観察結果についてのみんなのメモを見比べ、デザインにどのような意味があるのかを話し合い、フローとスケッチを反復しておこない、その過程で修正と改訂を続けます。

観察セッションの途中あるいは終了直後に、私は必ず個々のセッションを概要レベルのフローチャートに書き出します。

　だいたい図2.2(次ページ)のような感じになります。これを読むと、3歳のマイケルが、トラックをつかみ、「リトル・ピープル」[アメリカの玩具のブランド名]のところへ移動させ、毎日の生活に関係のある(食品店、遊び場など)ごっこ遊びをしたあと、ボードゲームに切り替え、最後は本を「読んで」終わったことがわかります。

　次に、付箋などに、モノ、アクション、テーマ、考察を書き出します。それらをグループに分け、考えて分け直し、もう一度分け直します。このテクニックは親和図法(アフィニティダイアグラム)[5]と呼ばれ、子どもの最も重要なアクション、前提条件、アイデアを理解するのに役立ちます(図2.3)。また、サイトやアプリのデザインにどう活用すればいいかの道筋も見えてきます。アプリでは「スイートスポット(中心的なターゲット)」を、たとえば3歳児向け、のように設定することになりますが、そのための判断の土台をつくれるということです。その後、3歳児について知っていることを組み合わせ(発育と認知については第3章参照)、認知段階にもとづいてテーマとアクションを解釈できるようになります。

図2.3 親和図法を実施している様子。

---

5) http://infodesign.com.au/usabilityresources/affinitydiagramming/
　http://www.servicedesigntools.org/tools/23eb

マイケル、3歳

時刻	0:00	0:02
アクション	トラックを手でつかみ、「ブーブー」と言いながら床を走らせる。このトラックは青い色で、大きな車輪がついているから大好きだそう	トラックを置き、「リトル・ピープル」を手に取って食品店へ行かせる（食品店にはレゴの箱を使用）
対象物	青いトラック、クレヨン、「リトル・ピープル」の小さな像	「リトル・ピープル」―大人の女性2と子ども1、レゴの箱
考察	クレヨンやアクション人形など他の玩具の上でトラックを走らせる。「人」の上を走っているという認識があって、それをおもしろいと感じているようだ。安全な環境で危ないことをするのは、恐怖心の表れ？	「母親」役が「子ども」役に、イチゴ、ポテトチップ、牛乳などを買わせる。日常の行動、快適さ、買い物の管理
テーマ	独立心、抑制、有能感、恐怖心の克服	独立心、抑制、有能感、恐怖心の克服

時刻	0:15	0:22
アクション	「テリングタイム・ビンゴ」を放置する。カードを箱に入れ、その上にすくい集めたゲームのピースを載せる。その上に時計を置く。箱が閉まらないので、ゲームのピースを全部出し、やり直す	本棚に行き、本を3冊取り出す。床に坐り、私に対して「読んでいる振り」をする。それぞれの本の粗筋を、挿絵をもとに教えてくれる。粗筋はかなり正確だった
対象物	「テリングタイム・ビンゴ」のゲームのピース、カード、時計、箱	本――『おやすみゴリラくん』『Hop on Pop』『くまさん くまさん なにみてるの?』
考察	動きがゆっくりになっているようだ。1つ1つのアクティビティにかける時間が増えている。そろそろ昼寝の時間？	明らかに飽き始めている。本について質問したことにすべて答える。なぜ猫は紫だと思うの？という私の質問がとても愉快だったらしい。「だって、猫ちゃんのママもパパも紫だから！」
テーマ	入れ物へのモノの格納、保全	物語づくり

図2.2 観察フローチャートの例。

0:08

食品店から「遊び場」に設定を変え、おもちゃのブランコで「子ども」役にブランコをこがせる。他の「リトル・ピープル」を持ってきて、同じ遊び場にいる別の子どもたちという設定にする

「リトル・ピープル」―大人の男性と女性、消防士、女性パイロット。ブランコ、トラック、ミニバン

「リトル・ピープル」の登場人物全員が一緒に遊んだり、おしゃべりをしたりする。普通の日と楽しい日について私に話しかけようとする？彼がしたいことは？

楽しみ、友だち、つながり、交流

0:12

「リトル・ピープル」を床に置き、「テリングタイム・ビンゴ」を手に取る。ゲームの時計の針をぐるぐる回す。ビンゴカードを縦横につなげて並べる。ゲームのピースを「リトル・ピープル」の上に放り出す

「テリングタイム・ビンゴ」のゲームのピース、カード、時計、「リトル・ピープル」

彼は楽しく遊んでいる。「正しい」やり方でゲームをすることには関心を示さず、カードに触ったときの感覚や時計の針を回すときの音を喜んでいる。人形の上にピースを放ることに大はしゃぎだった

ルール破り、散らかし、モノの触覚面

0:30

本棚の上に本を置く。私の方に来てハイタッチをしたときに、君はすごいね、いっぱい教えてもらったよ、と声をかけた

本、本棚

彼の母親から、おもちゃを片づけて昼寝をする時間だと言われ、少しいやな顔をする。本を本棚の上に置く(中ではなく)ところに気乗りしない様子がうかがえる。母親はゲーム風に促そうとするが、彼はおもしろがらなかった。昼寝

抑制

この時点で私は、テーマとパターンをまとめたある種の「辞書」をつくります。特長や機能を深く考える際に辞書があれば、アイデア創出の作業を始めやすくなります。また、通常は、中心のタスクあるいはゲームの概要レベルのフローを考え、筋が通っていることを確認します。それらを踏まえて「クールなもの」を構築するのです。「構築」プロセスを開始するのに必要な情報をできるだけ集めておきます。

ただし、あなたが企業に属していて、部署横断型の大きなチームの一員なら、アイデア創出のワークショップを「分析」ステップの一環としてスケジュールするとよいでしょう。チームメンバーがあなたの吸収セッションを観察したのであれば、あるいは観察したことがなくても、あなたが思いもよらなかった角度からデータを見直す機会を与えてくれる可能性があります。親和図法の作業にメンバーを参加させたり、自分が観察したことをメンバーと共有して、これから作成するサイトやアプリにどんな意味があるのかを指摘してもらったりすることも考えられます。

構築

「構築する」とは、システムの構造と機能をつくるということです。もし私が7歳以上の子どもたちと関わるのなら、まず全員参加で何かをデザインするアクティビティから始めると思います。アクティビティのなかで、アプリの基本テーマ——および、分析で明らかになったトレンド——を子どもたちと共有したあとで、彼らに自由にプロトタイプをデザインしてもらいます（参加型のデザインセッションの進め方について、カタリーナ・ナランジョ・ボックからのすばらしい提案があります。第9章の最後に掲載します）。

子どもに自分のサイトやアプリを「デザイン」させてみると、彼らがあなたのデザインに期待するインタラクションがどんなものか、それをどんなふうに動かしたいと思っているかを知る手がかりになります（図2.4）。このようなセッションには、将来のユーザーになる子どもの認知能力および、コンテンツやフローへの期待をより深く理解できるという恩恵があります。セッションで出されたデザインを実際に取り入れ、現実化することはめったにありませんが、こうしたアクティビティを通じてあなたの当初のコンセプトを子どもがどのように解釈するかを見れば、多くのことを学べるはずです。ただし覚悟しておいてください。子どものアイデアが最終製品としてのサイトやアプリには結実しないどころか、あなたのアイデアに退屈している子どもの姿を突きつけられるかもしれません。

図2.4 ┃ 子どもたちが協力してサイトやアプリのデザインをつくる、参加型のデザインセッション。

"BUSY KIDS WORKING TOGETHER" BY TEDXKIDS@BRUSSELS IS LICENSED UNDER CC BY 2.0.

子ども向けにデザインする場合にきわめて重要なのは、動作するプロトタイプを構築してみて、それをもとに将来のアプリを組み立てていくことです。このような初期のプロトタイプには、さまざまな形態が考えられます。たとえばトッカ・ボッカ社のチームは、「構築」という言葉どおりに、厚紙に張った糸や雑誌から切り抜いた写真など、物理的なモノを使ってプロトタイプをつくり、そのあとで、開発に着手するか、あるいはすべての要求事項について徹底的に議論します。この段階である程度のインタラクションを盛り込んだエクスペリエンスをつくることが大切です。こうしておけば、実際にエクスペリエンスのフローをたどってみることができるからです。実際に動作するツールがあれば、画面の静止画像よりも、ずっと簡単にアイデアを練り上げ、肉づけすることができます。可能であれば、私は開発者のそばで、インタラクションとフローを一緒に構築します。しかも1人より2人の方がいいものができます。

　子どものニーズを満たすと思えるエクスペリエンスができたら、テストに移ります。

評価

子ども向けのデザインでは、評価のプロセスを反復します。つまり、何かを作成し、診断し、必要に応じて手直しをして構築し直す、ということです。いくつかの領域で、最初のデザインはまったく使えない代物だと判明するでしょう。大人のユーザーでも時にそうなのですが、特に子どもの場合、"ほしい"ものと"口に出して言う"こと(さらに、"する"ことと"言う"こと)がかけ離れていることがよくあるからです。この段階のテストのポイントは、子どもの前にプロトタイプを置いて、子どもが使う様子を見ることです。プロトタイプ内の特定のタスクを実行するように依頼するこ

ともありますし、好きなように遊ばせることもあります。最終的には、機能するデジタルプロトタイプか、コーディングしたサイトまたはアプリの初期のイテレーション（1回の反復）のどちらかをテストし、フィードバックのすべてに適切に対処できていることを確認します。

　この段階で親の賛同も得ておく必要があります。子ども向けのデザインは状況が独特です。つまり使う人とお金を出す人が同じではありません。キックス・シリアルのCMに、「子ども喜ぶ、ママ納得」というキャッチフレーズがありました。この段階でのゴールをうまく言い表しています。あなたのデザインが喜んで使いたいものかどうかを子どもにテストさせ、その一方で、親からもそのデザインをわが子のために購入あるいはダウンロードしてもいいと承認してもらう必要があるのです。世の中には、親が承認しないたくさんのクソ（文字どおり）があふれています。

　最近、私が講師を務めたワークショップで、ある参加者（デザイナー兼開発者）がこの現象を見事にまとめてくれました。彼女の3人の娘は、「うんちが空を飛ぶとかゲロとかよだれとか下痢便とか」そういうものが出てくる遊びが大好きだそうです。けれど彼女は、こうしたゲームがアプリストアにあっても、自分が「気持ち悪い」からわが子にはダウンロードさせない、と言いました。彼女はデザイナーとして、どうすれば最終的に子ども向けアプリの購入の可否を決める親の気持ちをないがしろにせずに子どもの望みをかなえてやれるのか悩んでいました。この認識を私はPTR（Parental Threshold for the Revolting：親が我慢できる限界点）と呼んでいます。たとえば、PTRの一線を踏み越えかねないアプリに『なんでうんちがでるの（Why Kids Poo）』があります（図2.5）。

図2.5 『なんでうんちがでるの』がPTRを踏み越えるかどうかは、子どもとその親による。

私の4歳の娘はこのアプリを大好きになるはずです。けれど、娘にとっては残念なことでしょうが、彼女がこのゲームを遊ぶ機会は訪れません。なぜなら、親である私が気持ち悪いからです。制作物を子どもとテストする場合には、親にも数分間、子どもと一緒ではなく親だけでプレイしてもらうように依頼して、親のPTRの位置を確認してください。これがなかなか厄介なのは、「子どもに与えたくないと思いますか？」というようなストレートな尋ね方をすべきではないからです。こう聞いてしまうと、イエスかノーの返事しか返ってきません。私の経験では、次の3つを問いかけることでPTRを素早く探ることができます。

◎このアプリのどこを一番気に入りましたか？　あなたのお子さんはどこを気に入ると思いますか？　その理由は？
◎一番気に入らないところはどこですか？　それは、お子さんにこのアプリをプレイさせるかどうかの決断にどう影響しますか？
◎変えてほしい点があるとすれば、それは何ですか？　その理由は？

親たちの表情を見れば、アプリが限界点を越えたかどうかはだいたいわかります。ある人は、冷静さを装いつつ、笑うかもしれません。そして、自分にとってはそのコンテンツは不快だけれども、子どもにはプレイさせてもいいと言うかもしれません。その言葉を信じてはいけません。話半分に聞くべきです。PTRを正確に判別するために必要な、インタビューする親の人数を特定するのはむずかしいことです。親もそれぞれに感受性が異なりますから。しかし、同じ歳の子を持つ親たち7人にインタビューしたら、PTRのパターンを探る段階に進んでよいと思います。
　子どもの年齢が上がるにつれて、PTRも上昇することを覚えておいてください。経験上、6〜9歳の子を持つ親は、それより上あるいは下の年齢層の子を持つ親よりもPTRが高い傾向にあります。6〜9歳の子どもはきたないものすべてに夢中になり、その親たちも感覚が麻痺しかかっているからではないかと私は考えています。

章のチェックリスト

以下のチェックリストを通じて、この章の内容が理解できたかどうかを確認してください。

- □ 子どもは遊びながら学び、学びながら遊ぶことを理解しましたか？
- □ 子ども向けにデザインすることは、「やりがい」「フィードバック」「信じやすい」「変わりやすい」の領域において、大人向けとどのように違うのかを説明できますか？
- □ 子ども向けと大人向けのデザインの両方において、一貫性、目的、余計な驚き、おまけがどのように組み込まれるかを理解していますか？
- □ 子ども向けにデザインする際の「4つのA」のフレームワークを説明してください。
    - ◎ 吸収とは？
    - ◎ 構築とは？
    - ◎ 分析とは？
    - ◎ 評価とは？
- □ PTRとは何ですか？ 限界点を越えたかどうかをどのように判断しますか？

この章では、子どもの遊び方と学び方について知り、子どもを対象として子どもと一緒にデザインするプロセスをたどりました。次の第3章では、発達と認知の基本を掘り下げていきましょう。

ノア、3歳

第 3 章

発達と認知
DEVELOPMENT AND COGNITION

ピアジェの世界観 ……………………… 032
認知発達理論 …………………………… 036
感覚運動段階：誕生〜2歳 ……………… 036
前操作段階：2〜6歳 …………………… 038
具体的操作段階：7〜11歳 ……………… 040
形式的操作段階：12歳から成人 ………… 041
章のチェックリスト …………………… 042

「現実を知るということは、程度の差こそあれ、
現実に即して変化する神経系を構築するということである。」
―― ジャン・ピアジェ（スイスの心理学者）

デザイナーにとって、デザインする対象者の認知能力がどの程度なのかを知っておくことはとても大切です。いわゆる一般の大人を対象とする場合、ユーザーに演繹的推理能力があり、抽象的に思考でき、共通のシンボルやアイコンを理解し、自分のアクションの結果を予測できることを前提にしてデザインすることができます。子どもの場合は、それらが未完成であることを前提としますが、急速に発達することも踏まえておく必要があります。ここで、子どもの発達途中のスキルと認知能力を年齢別に見てみましょう。これは、デザインとリサーチについて論じるときの共通の基準枠になります。

ピアジェの世界観

ジャン・ピアジェは、19世紀の終わりにスイスで生まれた心理学者です（図3.1）。博士号取得後、パリで研究を続けながら、小学生の知能テストの結果を分析する機会を得ました。彼はそこで、ある年齢より上の子どもや大人にとっては簡単なのに、ある年齢より下の子どもは何度試してもうまく答えられない問題があることに気づきました。この観察にもとづいて、低年齢の子どもは高年齢の子どもや大人より必ずしも知的能力が低いのではなく、物事のとらえ方が違うのだと判断するに至りました。ピアジェは研究の主眼を認知能力の違いに置き、後に、年齢ごとの認知能力の発達の「段階」を理論としてまとめ上げました。

図3.1 ｜ ジャン・ピアジェ、教育分野の先駆的研究者。

"JEAN PIAGET" BY MIRJORAN IS LICENSED UNDER CC BY 2.0.

ピアジェによると、生まれたばかりの子どもは「感覚運動段階」にいます。身体の感覚と運動が結びついたこの段階は、子どもが身体的行為と認識した結果を関連づけて「自分を取り巻く世界の直接的な知識を組み立て始める」時期を指します[1]。複数段階を経て「形式的操作段階」に到達し、そこで子どもは論理的に思考し、抽象的な推理をおこない、物事を自分以外の視点から見ることができるようになります。子どもに大規模な調査をおこなった結果をまとめた「ピアジェの認知発達理論」[2]は、各段階の違いを詳細に論じています。

[NOTE｜ピアジェとアインシュタイン]
アルバート・アインシュタインは、ピアジェの理論を「単純すぎて天才にしか思いつけなかった」と表しました。

ピアジェは、認知発達は、身体的行為にもとづく理解から、精神的操作にもとづく理解へと進んでいくと論じました。中核となる概念は次の4つです。

◎シェマ(スキーマ)
◎同化
◎調節
◎均衡化

シェマ

シェマとは、幼い子どもが周りの世界を理解し解釈するのを助ける振る舞いを指します。あるモノを手に取り、その使い方や目的を探る行為です。シェマがどのように形成されるかを示す基本的な例に、吸いつき反射があります。幼児が見慣れないものを拾い上げると、すぐさま口に入れてしゃぶり、反応を見ようとします。そのモノが何なのかを理解しようとするのです。母の乳房か哺乳瓶のシェマに適合しないのなら、それは自分にとって重要ではありません。経験が増え、子どもが発達するにつれ、シェマも、吸うことから、揺らす、落とす、などに広がっていきます。

---

1) http://www.simplypsychology.org/sensorimotor.html
2) Herbert P. Ginsburg and Sylvia Opper,『Piaget's Theory of Intellectual Development』, 3rd ed. (Englewood Cliffs, NJ: Prentice-Hall, Inc., 1988), viii–264.

子どもの世界をつくるモノの理解と分類も豊かになります。

　バーチャルの環境では、子どもが扱えるクールな要素をたくさんつくることで、子どものデジタルシェマの発達を促すことができます。クリックやタップやドラッギングをついしてみたくなるアイテムを見せるのもその例です。こうした振る舞いは、将来使うことになるジェスチャーやインタラクションを習得するのに役立ちます。

同化

シェマは、子どもが身体的なインタラクションを通じてモノを分類する枠組みですが、同化は子どもがモノを見たときに心のなかでそれを分類する枠組みを指します。そのため、小さい子どもでも、生まれてからの短い時間に多数の哺乳瓶を見て使ったあとなら、いちいち吸って確認しなくても、哺乳瓶を見るだけで（あるいは哺乳瓶の写真を見るだけで）それを哺乳瓶と認識することができます。

　ドン・ノーマンは画期的な著作『誰のためのデザイン？』のなかで、「モノの意図された使い方を伝える属性」の意味で「アフォーダンス」という用語を使いました[3]。この概念が成り立つにはある程度のレベルの同化——および調節も——が必要です。たとえば、人がドアを見たとします。ノブがあれば、それを回してドアを開けるのだなとわかります。初めてドアノブをつかんで回した幼い時期にシェマを形成しており、それをもとにドアノブの属性を同化したからです。

　子どもは哺乳瓶（次いで蓋つきカップ、さらにストロー）の使い方を、シェマをもとに同化した知識から知ります。同化は、子どもが演繹的推理を体現するめざましい瞬間——「調節」——の概念に深く関係しています。

調節

調節は、子どもが同化したことにもとづいて、モノに対する既存の信念を修正するときに起きます。調節の例として、私は友人のエリンから聞いた話をよく使います。エリンの弟さんがワシントンD.C.にあるスミソニアン国立自然史博物館に初めて行ったときのことです。弟さんは展示された巨大なマンモスの骨格標本を指差し「わんちゃん、おおきーーい！」と言いました。目の前にあるモノの視覚情報（4

---

3) Donald A. Norman,『The Design of Everyday Things: Revised and Expanded Edition』(New York: Basic Books, 2013).
『誰のためのデザイン？ 増補・改訂版』ドナルド．A．ノーマン著、岡本明、安村通晃、伊賀聡一郎、野島久雄訳、新曜社、2015.4.

本足の動物）を、彼がこれまで4本足の動物、すなわち犬とおこなってきたインタラクションに同化し、いま見ているものは犬だと結論づけたのです。

　両親が彼に、それは犬ではない、足が4本だからといってすべてが犬とは限らない、そこにあるのは大昔のマンモスという動物だと教えたところ、弟さんはその情報を頭のなかの新しい分類——大きな2本の牙と4本足をもった巨大な大昔の動物で、動物園にいる象よりはるかに大きい——のなかに調節することができました。

均衡化

均衡化とは、人が同化と調節の間でとろうとするバランスを指します。子どもは大きくなるにつれ、過去の知識を当てはめるときと、新しい知識として取り入れるときとの間でバランスをとらなければならなくなります。さらに成熟すると、1つのモノに対して、はるかに多くの変種を上手に調節できるようになるため、1つか2つの特徴だけで物事を分類したりはしません。同化するための特徴がなくなったときに、新しい特徴にもとづいてモノを調節するのです。

　前の例に登場したエリンの弟さんも、認知能力がより成熟すると、4本足やその他の特徴が同じで種類の違う動物を見たときに、それがすでに同化したものなのか、調節しなければならない新しいものが現れたのかを判断できるようになりました。

　子どもは成熟のプロセスのなかで、苦労して均衡化を身につけていきます。私の5歳の娘は、駐車場で見かける黒い車はすべて私の夫のだと思い込みました。いま娘は均衡化の時期に入り、車の後部にヒュンダイ自動車のマークを探すようになったところです。

[NOTE∥大人と均衡化]
大人にだって均衡化の苦労はあります！　特定の建物や景観を見たときに、何か以前と違う気がしたり、前に来たことがあると感じたりしたことはありませんか？　それは、あなたの脳が視覚情報を既存のカテゴリに同化すべきなのか、新しいカテゴリに調節すべきなのかを決めようとしている表れです。

認知発達理論

直前に示した4つの概念——シェマ、同化、調節、均衡化——は、ピアジェの認知発達理論の根幹をなします。次に、この理論の4つの段階について見てみましょう。

◎ 感覚運動段階
◎ 前操作段階
◎ 具体的操作段階
◎ 形式的操作段階

ピアジェは認知発達を中心に論じましたが、子ども向けにデザインする場合には、感情的、身体的、テクノロジー的な発達も考慮する必要があります。このため、第4〜8章では、上に挙げた認知の4つの発達段階を2歳刻みで分けて論じ、すぐに成長して年齢の境界線をまたいでいく子ども特有のニーズについてより効果的に対応できるようにします。3歳児も6歳児も段階でいえば同じ前操作段階ですが、3歳児向けのデザインは6歳児向けとは大きく異なることを覚えておいてください。

感覚運動段階：誕生〜2歳

感覚運動段階は、子どもが自身の行動と振る舞いを通じて、外界とそのなかでの自分の位置を知り始める非常におもしろい時期です。米国小児学会が、子どもが2歳になるまでは画面（テレビ、コンピュータ、タブレット、携帯電話など）を見せないように推奨していることに留意してください。私もこれに同意します。幼い子どもは彼らの世界をつくる物体に備わった特性を発見し続けているからです。何の変哲もない段ボール箱が幼児にはおもしろくてたまらない遊び道具になるのなら、派手な色の絵が動き回る画面は彼らの対処能力を超えてしまうかもしれません。とはいえ、2歳になるまで子どもをテクノロジーから遠ざけておくのは簡単ではありません。2歳未満の層に向けてデザインしようとするのなら、この段階の子どもにとって重要な以下の点に留意してください。

独立した自己

生まれたばかりの赤ちゃんは、環境のすべてが自身とつながっていると感じてい

ます。感覚運動段階の間、子どもは実際には周囲のモノと深く結びついてはいないこと、そして、周囲のモノを別々に動かしたり操作したりできることを認識し始めます。分離不安［母親や慣れた環境から離されたときに示す不安状態］を経験し始めるのは月齢8〜9カ月頃ですが、これは、親が自分とは別の存在であり、常に自分のそばにいるわけではないと理解する時期と重なります。

モノの永続性

モノの永続性は、感覚運動段階の重要な局面に関わります。乳幼児が、モノも人も、見えなくなっても存在し続けることを学ぶからです。これは乳幼児にとって実に喜ばしい発見であり、親やおもちゃやペットや、その他、布などで簡単に隠せるものなら何でも使って「いないいないばあ」を飽きずに遊ぶようになります（図3.2）。幼児がモノの永続性を学ぶと、親がその場にいなくなってもちゃんと存在していてすぐに戻ってくることがわかるため、分離不安は少し軽減される傾向があります。

図3.2 ‖ モノの永続性とは、乳幼児がモノが見えなくなっても存在していることを理解するということ。

"PEEKABOO (INSIDE CARDBOARD BOX)"
BY OLEG IS LICENSED UNDER CC BY 2.0.

初期表象的思考

感覚運動段階の終わりに近づくにつれ、幼児はいちいちすべてに触れたり、何か行動を起こしたりせずに、構築してきたシェマを使って周囲にあるアイテムを解釈できるようになります。

　これが重要なのは、何かを「する」のではなく「見る」だけで、推理や学習がおこなえるようになるからです。この現象は月齢18〜24カ月頃に起きるとされ、子どもを次の前操作段階に進ませる働きをします。

前操作段階：2〜6歳

「前操作」は、ピアジェがつくった用語です。「明確な論理」をまだ理解せず、自分の視点からしか物事を見ることのできない子どもの時期を指します。子どもは2歳頃にこの前操作段階に入ります。これが特に親にとって、子が目を見張る発達を遂げる段階なのは、コミュニケーションのツールとして言葉を使い始めるからです。子どもがこの時点で話していないとしても、聞くことのほとんどすべてをおおむね理解しており、これは言葉と物理的なモノを結びつける能力のあることを示しています。

子どもが「〜の振りを」できるようになるわけですから、デザインする側から見ても偉大な変化が起きる時期です。羽箒(はぼうき)が魔法の杖になり、タオルがマントになり、皿がハンドルになります。この段階ではさらに、子どもは「ママ」「お医者さん」「海賊」「消防士」など、ふだんの自分とは異なる役割を務める（演じる）ようになります（図3.3）。

図3.3 ‖ 前操作段階の子どもは「ごっこ遊び」をし始める。

"PIRATE PARADE" BY MIKE BAIRD IS LICENSED UNDER CC BY 2.0

デザイナーとして私たちは、この段階の子どもを特に注意深く観察する必要があります。言語能力は発達し始めたとはいえ、自分の考えや振る舞いをはっきりと言葉で説明する力はまだ乏しいからです（成人になっても続く問題ですが）。

この段階の重要な要素には、自己中心性と保存性があります。

自己中心性

何かの振りをする能力があっても、この年齢の子どもは他者の立場で物事を見ることがうまくできません。日々の暮らしではきわめて自己中心的になりがちです。ピアジェは「3つの山の課題」という実験をおこないました。立体の3つの山の模型を置いたテーブルに子どもをつかせ、テーブルの反対側に人形を置きます。そうしたうえで、子どもに、人形の目から山がどんなふうに見えるかを描かせるのです。実験に臨んだ子どもは全員、自分の目から見た山の眺めを描きました。小さ

な子どもにとって、テーブルの反対側からの眺めがこちら側からとは違うかもしれないなどとは思いもよらないのです（図3.4）。第4章で、この年齢層の子ども向けにデザインするときに、この現象にどう対処すればよいかについて論じますが、いまは、子どもの視点からすべてを表現すべきであるとだけ述べるにとどめます。これは、思ったよりもむずかしいことです。この問題に引き続き注意してください。

図3.4 ピアジェの「3つの山の課題」。実験は、前操作段階にいる子どもが物事を自分の視点からしかとらえられないことを明らかにする。

保存性

この年齢層の子どもは抽象的に考えることがまだできず、目の前にあって視覚的にとらえられる情報しか理解できません。ピアジェの有名な保存性の実験に、水を使ったものがあります。まず、子どものグループの前で2つの同じ形の容器に同量の水を入れます。それから、片方の容器の中身を背の高い細長い容器に移します。最初の容器と背の高い容器のどちらの水が多いかを尋ねると、子どもは水が注がれるところを見ていたにもかかわらず、背の高い容器の方にたくさんの水が入っていると主張しました。そちらの方が水面が高いために量が多く見えるのです（図3.5）。このとらえ方は、子どもが次の具体的操作段階に入ると比較的すぐに変わりますが、この年齢層向けにデザインをするとなるとかなり難易度の高い問題になります。視覚情報の1つ1つのピースをどう表現するか、きわめて慎重に判断しなければならないからです。

図3.5 ピアジェの保存性の実験では、子どもは高さの異なる2つの容器に同じ量の水が入っていることを認識できない。

具体的操作段階：7〜11歳

具体的操作段階に入ると、子どもは具体的なアイデアや事象について論理的に考えられるようになりますが、抽象的な概念や仮説を理解することにはまだ困難が伴います。これはつまり、シンボルやイメージを理解し始めてはいるものの、抽象的な思考を介して意味を推定することはむずかしいということです。この年齢層の子どもの場合は、視覚的な例だけに頼る必要がなくなるので、前の段階の子どもに比べて少しデザインしやすいですが、一方でこの段階特有のむずかしさがあります。たとえば、大人向けに使ってきたシンボルやアイコンのなかには子どもには使えないものがあるため、デザインするインタフェースがそうしたシンボルやアイコンなしでも正しく情報を伝えるかどうかを確認しなければなりません（第5章）。

この段階の重要な要素に、帰納的論理と可逆性があります。

帰納的論理

ピアジェは、この段階の子どもが帰納法を使えることに気づきました。つまり、ある特定の状況をもとに、もっと大きな、より一般的な状況を推理できるということです。たとえば友だちの身体を押したときに友だちが怒ったのなら、人を押すと人は怒るのだと学ぶのです。ただし、この年齢層の子どもは演繹法の使い方はまだ学習していないので、友だちを押したときに友だちが怒ったのだから、友だちを押してはいけないというふうに理解します。

可逆性

この年齢層では演繹的に推理する能力はないのですが、それでも子どもは頭のなかでおこなったカテゴリ分けを逆にたどることはできるようになっていきます。たとえば、飼っている魚がベタ（闘魚）と呼ばれる熱帯魚だと認識したのなら、ベタは魚であり、魚は動物の一種であると逆に推理できるということです。

形式的操作段階：12歳〜成人

形式的操作段階にいる人へのデザイン方法は、デザイナーの私たちは皆知っています。毎日おこなっているデザインの対象者であり、よく知っている（少なくとも、知ろうと努力している）大人のユーザーですから。この段階の重要な特徴は、論理的思考と演繹的推理と複雑な問題解決の能力が発達することです。

この段階の対象者を相手にデザインするときには、論理、抽象思考、問題解決に特に配慮する必要があります。

論理
ピアジェによれば、論理とは、一般的な概念を当てはめて特定の問題を解決できる能力のことです。中学校での代数の授業を覚えていますか？　美術や演劇の方に興味があったとしても、必ずその授業を受けなければならなかったのは、生徒の演繹的推理の能力を磨くためです。大人になってからxの方程式を解く機会などないに等しいですが、私たちは中学時代に身につけた論理を毎日のように使っています。

抽象思考
大人として日々生きていくには、人の行動と決定がどのような結果を引き起こすかについて仮説を立てる能力が求められます。子どもはこの認知能力を12歳ぐらいで身につけます。何か決定を下すときの拠り所として過去の経験に頼るのではなく、選択肢のそれぞれについて仮説を立てて考えられるようになるのです。こうした能力は、将来を見通すうえできわめて重要です。

問題解決
形式的操作段階に到達する前の子どもは、試行錯誤しながら問題を解決します。形式的操作段階に到達すると、論理と演繹法を使って、込み入った問題への解決策をつくり上げます。成人のためにデザインする場合は、何らかの特別な集団を対象とするのでないかぎり、彼らがこの能力を持っていると想定するのが普通です。

章のチェックリスト

以下のチェックリストを通じて、この章の内容が理解できたかどうかを確認してください。

- □「ジャン・ピアジェの認知発達理論」は、年齢区分ごとの子どもの認知能力の違いを理解するうえでどのように役立ちますか?
- □ この理論を支える次の4つの概念を説明できますか?
  - ◎ シェマ:モノとその目的を特定する振る舞い
  - ◎ 同化:物理的な属性にもとづいたモノの特定
  - ◎ 調節:複数の属性にもとづいたモノの分類
  - ◎ 均衡化:同化と調節の間のバランス
- □ 以下の認知発達の段階を説明できますか?
  - ◎ 感覚運動段階:誕生〜2歳。外界をつくるモノを理解し始める。
  - ◎ 前操作段階:2〜6歳。自己中心的で、自分に関係のある概念とモノだけを理解する。
  - ◎ 具体的操作段階:7〜11歳。帰納的推理によって問題を解決するようになる。
  - ◎ 形式的操作段階:12歳以上。抽象思考と演繹的推理を通じて新しい知識を獲得できる。

本書では、ここで述べた原則をもとに、異なる年齢層の子どもを対象としたデザイン方法について説明していきます。次の章では、前操作段階の早期、すなわち2〜4歳の子どもについて考察します。

双子のエマーソンまたはイーストン、4歳

第4章

2〜4歳：
小さい身体に大きな期待

KIDS 2–4: LITTLE PEOPLE, BIG EXPECTATIONS

どういう子ども？	046
視覚要素の明確な序列をつくる	046
派手な色を少しだけ	050
画面上の要素に割り当てる振る舞いは1つだけに	053
前景と背景を明確に区別する	054
絵とアイコンは見た目と用途をそろえる	056
明快な音の合図を出す	060
性差は配慮するが強制しない	063
章のチェックリスト	066
リサーチのケーススタディ：ノア、3歳	067
インタビュー：エミル・オヴマール	069

「われわれは、目を開いて夢見ることを子どもたちに教えなければならない。」
—— ハリー・エドワーズ（イギリスの教育者、著述家、スピリチュアル・ヒーラー）

2〜4歳の子どもは実におもしろい存在です。赤ちゃんから、小さいとはいえ本物の人間に変身しようとしています。意見や好みが芽生え、個性もはっきりしてきて、気持ちを言葉で表現し始めます。一方で、外界の動く仕組みについては予備知識に乏しいため、この年齢層を対象としてデザインするのは独特の知的興奮が得られる作業です。

この章では、こうした子ども向けにデザインする方法を述べます。彼らがどういう子どもで、何が好きなのかを踏まえ、彼らの身体、感情、認知の能力を惹きつけるエクスペリエンスのつくり方について見ていきましょう。

どういう子ども?

表4.1に、2〜4歳児の振る舞いや態度と、それがデザイン上の意思決定に及ぼす影響について、主な項目をまとめました。

2〜4歳児向けのエクスペリエンスのデザインにあたっては、子どもがテクノロジーの使い方を探っている途中だということに注意してください。物事の先を読んで期待する能力はまだ発達していません。この年齢層にもクリエイティブな仕掛けをつくる余地はたくさんありますが、彼らのニーズに合ったエクスペリエンスをデザインするには、視覚要素にしてもインタラクションにしても、シンプルで基本的なデザイン原則が重要になるでしょう。

表4.1の項目を読み、2〜4歳児にとって視覚要素やインタラクションが果たす意味を理解してください。

視覚要素の明快な序列をつくる

この年齢層の子どもを観察しても、インタフェースのなかでどれが「重要な」部分なのかを見きわめるのは簡単ではありません。彼らは何が起きるのかを知りたくて、目についたものすべてをやみくもにクリックするからです。彼らにとってはどれもゲームの一部なのです。このため、ユーザーがインタラクションできる要素とそう

| 表4.1 | 2〜4歳児で留意すべきこと

2〜4歳児の行動	その意味	対応
「大まかな状況」ではなく、細部にこだわる	インタフェースの主要要素と細かい要素を区別できない	インタラクションのアイテムとデザイン上の装飾を明確に区別する
1度に1つの特徴（色、形など）によってしか区別できない	注意を惹こうとするアイテムが多彩すぎると、子どもは困惑する	簡単に見つけられる少数の要素（たとえば色）を選び、デザイン全体を通じて一貫して用いる
1つのアイテムまたはモノに1つの機能しか関連づけることができない	マウスのロールオーバーでアイテムが膨張したり、音が鳴ったりすると、子どもはこれがそのアイテムの目的と思い、クリックしようとしない	ナビゲーション要素の振る舞いをナビゲーションに限定する（ポップアップさせたり、音を鳴らしたりさせない）
画面上のアイテムを3次元ではなく2次元でしかとらえられない	画面上のすべてが1つのフラットな面に載っているように見えてしまう	最前面にあるアイテムを、背景にあるものよりも、より詳細に描き、はっきりと際立たせる
抽象的な思考は発達途中	大人にとってはあたりまえのアイコンやシンボルを理解することができない	タスクの内容が簡単に伝わるアイコンを用いる
音をもとに周囲のアイテムを識別する	似たような音に別の意味があると混乱する（たとえば、パトカーのサイレンと救急車のサイレン）	使用する音の1つ1つに明確な意味と機能を持たせる
個性が芽生え始める	2歳ぐらいで自我が発達する。性別認識はかなり早期に形成される	性別認識を考慮したデザインにする。ただし特定の性を強制しない

でない要素は、一目でわかるように区別する必要があります。

　テレビの子ども番組のウェブサイトから、例を2つ紹介します。1つは『カイユ（Caillou）』[カイユという4歳の男の子を主人公にしたカナダのアニメ番組]です。明快な階層構造のおかげで、子どもはどこをクリックすればいいかがすぐにわかるようになっています。もう1つは『アンジェリーナはバレリーナ（Angelina Ballerina）』[バレエが大好きなネズミの女の子アンジェリーナの物語]です。視覚的な序列がわかりづらいと何が起き、それが子どもの混乱にどうつながるかを示します。

　『カイユ』のサイトでは、子どもは表示されているアイテムからミニゲームを起動できます。このサイトのほとんどの要素は働きかけに対して何らかの反応を返しますが、ゲームと関連づけられているのは輪郭を白く縁取られた要素だけです（図4.1）。こうした視覚的な区別のおかげで、音声によるプロンプトがなくても、簡

単に違いを認識することができます。

　図4.1では、輪郭が白く縁取られたおもちゃの家と列車をクリックすると、ゲームが起動します。白い縁取りのないアイテム（カーペット、太陽、本棚など）はマウスオーバーすると動きはしますが、それ以上のことは起きません。このように区別しておくと、子どもがゲームのアクセス方法を学ぶのに役立ちますし、次回に訪問したときにどうすればいいかを思い出す、記憶の定着も図られます。

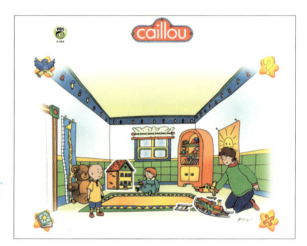

図4.1 『カイユ』のサイトでは、ゲームを起動するアイテムは輪郭が白く縁取られ、わかりやすく区別されている。

6歳未満の子どもの場合、1つのモノに結びつく振る舞いまたは行動は1つだけという傾向があります。平均的な4歳児にとって、画面上の何かに触れるとそれが動くのなら、そのモノで起きることはそれですべてだということです。このため、ナビゲーション用のアイテムはクリック対応であることがわかる程度には目立たせるべきですが、あまりにおもしろくしすぎて本来の目的から逸脱しないように注意してください。この点については本章で後述します。

　『アンジェリーナはバレリーナ』のサイトでは、校舎の窓をクリックするとさまざまなアクティビティが起動されます。しかし、そうなることはぱっと見ただけではわかりません。窓にマウスオーバーし、ポップアップされたオーバーレイを読んで初めて、そこにアクティビティがあるのかないのかがわかるのです（図4.2と4.3）。こうした視覚的な階層構造は子どもにとっては混乱のもとです。画面上ではすべてが同等に表現されているため、どれも同じ重要性を持つように見えてしまうからです。

図4.2 │『アンジェリーナはバレリーナ』では、ゲームのプレイ方法を知るには窓にロールオーバーしなければならない。

図4.3 │ オーバーレイの説明書きを読んで初めてゲームのプレイ方法がわかる。しかし、この年齢層のユーザーはほとんどがまだ文字を読めない。

　クリック対応の窓を他より目立たせたり、何か違う印象を持たせたりしておけば、どうすればいいか子どもにも気づかせやすいでしょう。窓の上のネズミが踊っているとか、ひときわ派手な色の服を着ているとか、他のネズミより大きいとか、そうした違いによって、子どもはそこをクリックすれば何かが起きそうだと勘づくのです。現行では、サイズも色も、地味な背景に溶けてしまっており、子どもに目を向けさせるのはむずかしい状態です。

　子どもには、大人が持っているような、視覚的な情報をふるい分ける力がありません。視覚的に明確に指示しないかぎり、階層構造を理解できないのです。インタラクションのための要素が人目を惹くデザインになっていないと、子どもはどこをクリックするのか気づくまでに試行錯誤を強いられます。子どものやる気を損なうリスクがあり、あなたは顧客を失うかもしれません。

派手な色を少しだけ

デザイナーのなかには、色が多ければ子どもが喜ぶ、という誤解をしている人がかなりいます。小さい子どもが明るくくっきりしたものを喜ぶのはたしかですが、色の数としては実は少ない方が好まれます。注意を惹こうと多くの色が競い合っていると、子どもは圧倒されてしまうのです。2〜4歳児は全体像よりも細部にこだわります。色が多すぎ、陰影や色調や風合いに凝りすぎていると、子どもはどこをクリックすればいいのかわかりません。

iPhoneアプリの『スマック・ダット・ガグル(Smack That Gugl)』を見てみましょう(図4.4)。このアプリの開発者は、子どもが扱いやすいように色の数を敢えて抑えています。

『スマック・ダット・ガグル』の中身はきわめてシンプルです。ぐにゃぐにゃした生き物を、破裂する前につぶすだけです。このアプリのデザイナーは、インタフェースに5つしか色を使いませんでした。何の変哲もない白っぽい背景に明るい色の要素を置いたことで、子どもでもどこをクリックしどこをタッチすればいいかがすぐにわかります。もっと色を増やしていたら、しかもいまあるものと同色系だったとしたら、子どもにとっては視覚的に認識するのがむずかしく、遊びづらくなったでしょう。年長の子どもであれば、色や雰囲気にもっと派手さや刺激を求めるでしょうが、小さい子どもは単純さを好みます。

図4.4 『スマック・ダット・ガグル』は少数の明るい色を使った好例。

2〜4歳児にとって、色は「前もって注意を惹くための変動要素」として大きな役割を果たします。つまり、頭のなかでは、サイズや形や位置ではなく、色を基本にしてアイテムを分類します。大人にもこのような一面はありますが、大人は他の因子も認知したうえで分類していく能力があります。

似たようなゲームに『スマック・マッチ・ガグル(Smack Match Gugl)』があります(図4.5)。機器を相手に対戦できるようになっていて、破裂する前に「相手コート」に

ガグルをスライドさせます。デザイナーは、形やサイズや方位ではなく、色だけでガグルの2つの「チーム」を区別しました。こうした色分けによって、認知能力の低い小さい子どもでもどのガグルが自分のチームでどれがそうでないのかを簡単に判別できます。ゲームを通じて、大きな達成感も得られます。

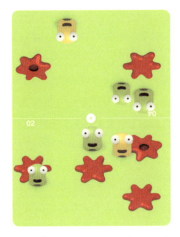

図4.5 『スマック・マッチ・ガグル』は小さい子どもが区別しやすいように色を活用している。

小さい子ども向けにタッチ・インタフェースをデザインする場合

2〜4歳の子どもは、タッチ・インタフェースのユーザーとして完璧な存在です。大人とは違い、使いづらいスクリーンインタフェースに何年もさらされてきてはいないからです。一方、こうした子どもは、外界にある幾多のジェスチャーにもまだ触れていないため、小さい子ども向けにタッチ・インタフェースをデザインするのはかなり難易度の高い作業となります。たとえば、子どもは「ピンチ（つまむ）」と聞いても、(1)小さいモノを持ち上げること、または(2)誰かにひどく腹を立てたときにその相手にすることだと考え、画面上の要素を小さくする方法だとは思いません。さらに、小さい子どもは手先が不器用ですから、指を使ったジェスチャーは習得するのがむずかしいのです。

小さい子どもにタッチ・インタフェースをデザインする場合は、次の点に配慮してください。

◎小さく細かいジェスチャーではなく、大きく粗いジェスチャーを中心にする。ピンチやフリック（払う）よりも、なるべくスワイプ（すべらせる）やグラブ（つかむ）を使う。

◎画面上の要素を、子どもが操作できる大きさにする。画面が小さいと対応がむずかしい可能性がある。アイテムの大きさが子どもの小さな手にとって十分かどうか、テストすることが望ましい。

◎可能であれば、親指と人差し指だけでない、手全体のジェスチャーを使うようにする。5歳未満の子どもは、画面をスクロールするときに指1本よりも手全体を使う傾向がある。

◎ナビゲーション・コントロールは、「進む」および「戻る」がわかりやすいように画面下部の左隅と右隅に置く。不器用な親指でもタップしやすいように大きく見やすく表示する。5歳未満の子どもは左向き矢印や右向き矢印を進行方向としては認識しないが、右側が「進む」、左側が「戻る」ということは（少なくとも欧米の文化では）認識する。

絵本のページをめくるとか、紙にクレヨンを塗りたくるなど、子どもが気持ちよくおこなうオフラインのジェスチャーはたくさんあります。現実のジェスチャーを模して取り入れる場合には、子どもがすでに知っているものだとすぐにわかるように関連づけます。

[親もユーザー]
ガグルのゲームは、愛らしさに加え、たくさんの音が鳴るという特徴があります。GameCenterへのサインインを促すメッセージもときおりポップアップします。長時間のドライブやレストランでの気晴らしに子どもにタブレットやスマートフォンを渡していた親は、しょっちゅう画面に戻ってダイアログボックスを閉じたり、エラーを直したりしなければならず、うんざりさせられます。フェイスブックのアカウントや、写真、位置データにアクセスしようとしたり、アプリ内ストアでの購入にユーザーの承認を求められたりする場合は、課金や個人情報保護についてのメッセージも表示されます。子ども向けのアプリをデザインする際は、親のために、「1回設定したらあとは放置」できるようなコントロールを設けるべきです。こうしておくことで、親は音量や商品の売りつけやメッセージ表示について1度だけ自分の好みを設定し、そのあとは、子どもに機器を渡したまま忘れていられるのです。

画面上の要素に割り当てる振る舞いは1つだけに

昨年、2歳児と3歳児に自宅でインタビューをおこない、一番好きなおもちゃを尋ねたことがあります。ほとんどの子どもが、おもちゃのラップトップや携帯電話、しゃべったり歌ったりする人形など、電子部品が内蔵された玩具を選びました。次に、そのおもちゃがどんなふうに動くのか見せてほしいと頼んだところ、特定のボタンを押したときに鳴る音とか、振ったりねじったりしたときのアクションなど、1つの特長だけを示しました。

補足のためにおこなった、彼らの親との会話が興味深いものでした。

「娘のガブリエラに買った子ども用タブレットはけっこうなお値段だったのに、この子ったら、せいぜい1つか2つのことしかしないんです」、ガブリエラの母親は言います。「魚の絵を押して、"さかな"と返るのを聞くのが特に好きで。そもそも娘はタブレットを"さかなちゃんマシン"と呼ぶほどです」。

「私の両親がレオにこのコンピュータを買い与えました」、レオの母親が言いました。「孫に文字と色と単語を教えるためでした。あるボタンを押すと、ブーブー大きな音が鳴るのですが、息子がこのコンピュータですることといったら、そのボタンを押すことだけなんですよ。文字なんか何も学んでいません。はっきり言って、お金を捨てたようなものです」。

子どもが、あるモノやアイテムに1つの振る舞いだけを当てはめるという傾向は、デジタル環境でも同じように見られます。画面上の要素が、ロールオーバーで音を立てたり跳ねたりすると、子どもはその反応が要素のたった1つの目的だと思い込みます。これはナビゲーションをデザインするときの頭の痛い問題です。

多くのデザイナーは、子どもに何かをクリックさせるには、子どもの注意をそこに惹きつける必要があると考えています。その結果、ナビゲーションのボタンがロールオーバーされると、くっきりと強調されたり、動いたり、チャイムが鳴ったりするのです。ところが皮肉なことに、そうした変化があるためにかえって子どもは、強調や動きやチャイムがその場所で起きることのすべてだと思い、クリックしようとしなくなります。1つ例を紹介しましょう。

『ダニエル・タイガーのネイバーフッド(Daniel Tiger's Neighborhood)』は優れた子ども番組です。併設サイトには、4歳未満を対象にしたアクティビティやゲームが用意されています。ですが、このサイトのデザイナーはよくある罠に嵌まり込んでいます。子どもがマウスをオーバーすると(あるいはモバイル機器の場合は1回タッ

プすると）反応するようにナビゲーションをデザインしたのです。図4.6の「Printables（印刷）」ボタンを見てください。デスクトップ・サイトで表示されるナビゲーション・バーの、上が普通の状態、下はユーザーがマウスをオーバーしたときの状態です。ボタンが大きくなり、少しゆがみも加えてあります。

図4.6｜子どもに目的が伝わるように、ナビゲーションは変化させない。

『ダニエル・タイガーのネイバーフッド』のサイトをタブレットでアクセスしているときは、アイコンをタップするとナビゲーションが変化し、2回タップすると宛先のセクションにナビゲートするようになっています。このため子どもは、その絵の役割は、1度タップしたときに大きくなって位置をずらすことだけだと思い込んでしまうのです。

　私は実際に、ある子ども用ウェブサイトの基本的なユーザビリティをテストしていたときに、この現象を間近で目撃しました（それ以降、何度も目撃してきました）。サイトをデザインした時点では、ナビゲーションのポップアップにキャラクターを入れ、ユーザーがロールオーバーしたときには音を鳴らすのが凝っていてかっこいいと思っていました。しかしテストになってみると、子どもはキャラクターが現れて音が鳴ることを喜ぶあまり、そこをクリックしてコンテンツを見ることまで気が回りませんでした。

　ポイント：もしあなたが、子どもに見落とされないようにナビゲーションには音やアニメーションを加えなければいけないと思い込んでいるのなら、むしろボタンのデザインを見直した方がいいかもしれません。

前景と背景を明確に区別する

子どもは、両方の目が同時に機能し始める月齢5カ月ほどで、物事を三次元で見ることができるようになります[1]。ただし、平坦な画面上で3Dのエクスペリエンスを視覚的に認識できるようになるのは5歳頃です[2]。このため、要素をどう配置すれば子どもが流れを理解できるのかは、相当な難問です。子どもは見たとおりに

しか受け取れませんから、何が起きているのかを理解してもらうには、インタフェースを現実に似せるべきです。ただしその際、現実そっくりにするのではなく、前景の（重要な）要素に色と細かい工夫を施し、背景の（重要さでは劣る）要素には単純な形状と落ち着いた色を割り当てるのが望ましい方法です。

　図4.7は、iPad用の『リトル・ピム・スパニッシュ（Little Pim Spanish）』のスクリーンショットです。キャラクターのパンダが背景よりも丁寧に描かれ、目立っています。背景の視覚的情報は、コンテキストと状況説明（たとえば、いまは外の芝生の上にいる、など）を伝えるのに十分である一方、細部や装飾には凝らず、背景があまり重要でないことが子どもにすぐわかるようになっています。

　では、『ハンディ・マニーのワークショップ（Handy Manny's Workshop）』（図4.8）と比べてみましょう。こちらのインタフェースは、小さい子どもにとってはのっぺりと見えてしまいそうです。おもちゃ箱にいるメインのキャラクターが背景に埋没しています。キャラクターも画面の他の部分もフィデリティ（忠実度）が同等だからです。これでは、子どもは何が手前にあって何が向こうにあるのかを簡単に見分けられません。すべてが乱雑に投げ出されているように映るために、どれをタップすればいいのか悩むことになるのです。

図4.7 『リトル・ピム・スパニッシュ』は背景の色と細部を地味に抑え、子どもの目がインタフェースの重要な部分に向くようにしている。

1) http://www.aoa.org/patients-and-public/good-vision-throughout-life/childrens-vision/infant-vision-birth-to-24-months-of-age
2) http://www.visionandhealth.org/documents/Child_Vision_Report.pdf

図4.8 『ハンディ・マニーのワークショップ』は背景も細かく描き込まれていて、子どもが次にどうすればいいのかがわかりにくい。

絵とアイコンは見た目と用途をそろえる

2〜4歳児は、抽象的な考え方を理解し始めたばかりです。そのため、大人にとってはあたりまえのアイコンや画像に戸惑う可能性があります。3歳までにはほとんどの子どもが、"×"をクリックするとウインドウが閉じ、左矢印と右矢印には「戻る」と「進む」の意味があることを覚えますが、単に振る舞いを記憶しただけであって、理解したわけではありません。

この年齢層の子どもは字を読めませんから、絵とアイコンは子どもにとって大人の場合以上に重要です。経験則としては、何が起きるかを説明するのに1語か2語より多い言葉が必要なら、そのインタラクションは複雑すぎるといってよいと思います。タスクの進め方がわかるようにシンボルを工夫してください。

[TIPS｜シンプルに]
文字や音声による誘導が必要なら、そのデザインは2〜4歳児にとっては複雑すぎます。何をすればいいかの説明に2語より多い言葉が必要なら、どんなデザインでも——あるいはその一部でも——見直しの対象にすべきです。

『ニックジュニア（Nick Jr.）』のウェブサイトは、グラフィカルなアイコンを活かした構成になっていますが、これは小さい子どもを混乱させるおそれがあります。例として「バックヤーディガンズ」セクションのコントロールパネルを見てみましょう（図4.9）。ゲームのアイコンに使われているビデオゲームのコントローラは、この場面には適していません。このウェブサイトと関係のない、特定の意味を持つインタラクションモデルを表しているからです。この年齢層の子どもは、もう少し上の年齢層をターゲットにしたニンテンドーやXboxのコントローラを見たことがないかもしれません。この場には、コンピュータかタブレットでゲームをしている子どもの画像を使う方がふさわしいでしょう。それを選べば、何が起きるかについて子どもに情報が与えられるからです。

図4.9　『ニックジュニア』のコントロールパネルのアイコンはわかりにくい。

ビデオのアイコンもわかりにくいです。小さい子どもは、緑色の右矢印が「再生」を意味することを知りません。また、第2章「遊びと学び」でも述べたように、小さい子どもは自分の見方でしか物事を見ないため、ビデオの意味だと理解したとしても、動画を「再生する」ではなく、家にあるビデオを「みる」ようなことを連想するかもしれません。この差は小さいですが、非常に重要です。とはいえ、ここのアイコンには、テレビやビデオのモニターの方がまだよいでしょう。

　その他のよく使われるアイコンを表4.2に示します。

□表4.2 ‖ 2～4歳児に適したアイコン

アクション	シンボル	説明
印刷		絵の描かれた紙
お気に入り/保存		ハートマークまたは星
スタート		指差し
完了/終わり		一時停止の標識
共有		何かを分け合う2人
音量		耳と"音の波"を表す線。音の線がゼロのときは無音、3本のときは最大音量

子ども向けのアイコンのデザイン

本書の第10章で使用するため、私はビデオアプリをデザインしました。そのアプリを通じ、子どもの年齢層によってどのようにインタフェースを変えるべきかを実際に示します。この演習では、年齢層ごとにアイコンを変えました。当初考えていたよりもむずかしかったのは、「コミュニケーション」のような抽象的なトピックを具体的なイメージでどう表現するかということです。アイコンの作成はイラストレーターのシェルビー・バーチュと協力しておこないました。取り込みたいコンセプトをうまく表していると納得できるまで、時間をかけ、何度もやり直しました。次に挙げるアイコンを見てください。どういう意図でトピックを表現しているか想像がつくと思います。

こうしたアイコンがサイドバーに表示されると、直観的でない印象を与えるかもしれませんが、それは大人は抽象的に物事を考えることができるのと、インタフェースのデザインに使われている一般的なシンボルに慣れているからです。ここで示したアイコンの形状は、4歳未満の子どもにとって理に適ったものです。

アイコンのなかには、ハートマークや一時停止標識など、シンボルであって行動を実際には表現したものではない図柄があります。しかし、子どもはこれらのシンボルを低い年齢のうちに習得し、認知能力のツールボックスにすでに同化し

ています。デザイナーがアイコンを選ぶ際には、この点を考慮に入れるべきです。また、あたりまえのことですが、選択したアイコンは開発過程の評価段階で実際に子どもに使ってもらい、テストする必要があります。

明快な音の合図を出す

デザイナーのなかには、小さい子ども向けにデザインする場合には、すべてに音をつけなければならないと考えている人がいます。小さい子どもが聴覚に訴えるフィードバックが好きなのはたしかですが、子どもを強く惹きつけるにはそのための方策があるはずです。音を鳴らす以上、単に子どもを喜ばせるためではなく、コミュニケーション、情報伝達、指示の役割を持たせる必要があります。好ましい音の使い方は、あちこちで鳴らすのではなく、音の種類ごとに規則を決め、その規則を守ることです。この原則が有効なのは、小さい子どもは1つの要素に1つの反応あるいは1つのアクションしか関連づけられないからです。

インタフェースでの音声の使い方を決める際には、戦略的に臨む必要があります。まず、使いたい音の種類を決め、種類ごとに用途を1つ決めます。表4.3に、一覧表のサンプルを掲示しますので、参考にしてください。

多くの種類の音を使いたい場合には、キャラクターや要素、具体的なアクションなどの欄も設けたさらに細かい一覧表を作成した方がよいでしょう。音の規則を開発過程の早い時期にまとめておくと、一貫性をもって適切に音を使うことができ、こうすることで小さい子どもでもデザインの意図どおりに使い方を理解しやすくなります。ここで例を紹介します。

『サゴミニサウンドボックス(Sago Mini Sound Box)』は、幼児と就学前児童向けのすばらしいアプリです。特に優れているのは、画面上のイメージだけでなく、機器全体を使って子どもがインタラクションできる点です。この独特のインタラクションが、子どもの粗大運動能力と微細運動能力の発達を促し、物理的概念の基礎も自然に教えてくれます。前提はシンプルです。子どもはまず、音の種類を選び、さまざまな色が塗られた円をタップしてさまざまに異なる音をつくります。円は、ドラッグされると割れ、なかから子どものよく知る動物が現れます。機器をシェイクしたり、ひゅっと振ったり、回したりして、円があちこちに転がったり、機器の脇に当たって跳ね返ったりすることで、たくさんの音が重なり合います(当初の予測とは異なり、このアプリは中高年の大人の心もつかんでいます)。

□表4.3│音の一覧表のサンプル

音の種類	説明	用途
ナレーション	キャラクターの発する短い言葉(5ワード以内)	指示／説明／招待(例「ボールに触ると始まるよ！」)
旋律	継続を感じさせる、短時間(1〜2秒)で愉快な音	タスクの開始／終了(たとえば、ゲームに勝ったとき、新しいアクティビティを始めるとき、仮想空間を抜けるとき)
ビープ音	素早く1回だけピーッと鳴る音	「時間切れ」や「もう一度」
呼び鈴	大きな「キンコン」	新しいキャラクターや要素が画面に入るとき
クリック音	非常に短く平坦なカチッやパチリなどの音	ユーザーアクション(ゲームのピースを動かす、キーを押す、ナビゲーションアイテムを選択する、など)

『サゴミニサウンドボックス』は、音の合図が優れています。音で遊ぶ玩具であることに照らすと、実はこれはかなりむずかしいことなのです。デザイナーは、システムが鳴らす音と、子どもがゲームのなかでつくる音を明確に区別できるようにしました(図4.10)。実際、システムが音を鳴らすのは特に重要な機能のところだけ(円を足す、円を開く、動物をタップする)に限定されていて、子どもはアプリのエクスペリエンスのなかでほかの音をつくることができます。種類の選択や、ランディング画面への戻りでは目立つ音を立てず、ただ子どもの関心が失われないように、ゲームが続いていることを伝える小さな音を流すだけです。

『サゴミニサウンドボックス』のホーム画面では、話し言葉による指示も文字で書かれた指示もおこなわれません。これは非常にむずかしいことです。アプリを開くと陽気な歌が流れ、ちゃんと始まったこととこれから遊べることが子どもに伝わります。見慣れた画像を使った大きな絵のおかげで、子どもはすぐにアプリに入り込みますが、絵をタップしても音は鳴らず、そのまま子どもを次の画面に連れていきます。そこでかわいいアニメの動物が音の円の1つを伴って現れるのです(図4.11)。

図4.10 ║『サゴミニサウンドボックス』は、特定の音を通じてゲームの進行と機能を表す。

図4.11 ║ 短いアニメーションを通じて、音の鳴る円の仕組みを子どもに示す。

子どもは画面の好きな場所をタップして、新たな音の円を出すことができます。はじめに選択した音の種類に応じ、打楽器の音や、ピアノの和音、犬の鳴き声、鳥のさえずり、猫の鳴き声、乗用車やトラックの走る音などが流れます。機器そのものを動かすと画面上の円の大きさが変わり、わざと和音をずらした耳障りな音を発します（図4.12）。

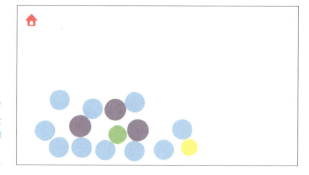

図4.12 ║『サゴミニサウンドボックス』は、子どもに機器全体とインタラクションさせ、微細運動能力の育成を促す。

就学前児童向けのこのアプリはあらゆる点で見事です。これまで述べた明快な音の合図という利点に加え、子どもの探究や発見を促し、フローはあっても一律でないプレイが可能で、何かインタラクションをおこなうたびに目や耳にご褒美が与えられます。

また、音は特定の言語や文化の知識がなくても伝わるため、地球上のどこの国の子どもでも使えるところも秀逸です。

性差は配慮するが強制しない

子どもは2歳頃に性別を意識し始めます。ブロックやボールといった中性的な玩具で遊んでいた子どもが、赤ちゃん人形やおしゃれなドレス、あるいはスーパーヒーローや自動車を好み始めます。神経科学者のリーズ・エリオットは、著書『女の子の脳　男の子の脳』[3]のなかで、性別認識におけるこうした性差は、幼児の脳の基礎能力のちょっとした違いに端を発し、それが後に周囲の大人によって増強されると述べています。たとえば、男の子の脳はある種の空間認識能力が女の子よりも早く発達し、女の子は男の子よりも早くアイコンタクトを始め、共感とコミュニケーション能力が早く発達します。この結果、どうなるでしょうか？　「男の子の方が算数が得意だ」とか、「女の子の方が世話好きだ」などと言われるのです。

2歳あたりで、子どもは性別に応じた自分だけの振る舞いのルールをつくり始めます（たとえば、男の子はバットマンみたいに、女の子はシンデレラ姫みたいに）。

では、このことがデザインにどう影響するでしょうか？　男女どちらにも魅力のあるサイトをつくるのなら、空間認識が必要なアクティビティと物事を探っていくアクティビティをバランスよく用意する必要があります。ガグルのような性別に中立なキャラクターを用いるか、男のキャラクターと女のキャラクターを同等のバランスで配置します。状況に応じ、ディズニーの『ジャングル・ジャンクション（Jungle Junction）』のように、人間でないキャラクターをつくるのもよいでしょう（図4.13）。

---

3) Lise Elliot. Pink Brain, 『Blue Brain: How Small Differences Grow Into Trouble-some Gaps—And What We Can Do About It』 (New York, NY: Houghton Mifflin Harcourt Publishing Company, 2010).
『女の子の脳　男の子の脳——神経科学から見る子どもの育て方』リーズ・エリオット著、竹田円訳、日本放送出版協会、2010.11.

動物のキャラクターにも性別がありますが、その振る舞いは性別にもとづいてはいません。こうしたデザインを通じて、子どもは性別に特有な振る舞いのパターンに束縛されることなく、キャラクターに自分を重ね合わせていきます。

図4.13｜ディズニーの『ジャングル・ジャンクション』は、人間ではなく動物が主役。

専門家から：性別とアイデンティティ（自己同一性）

2009年から2010年にかけておこなったユーザーリサーチのセッションで、子どもの知恵を知るおもしろい機会がありました。

私：「あなたの服についているのは誰？」
シンディー（3歳）：「ええと」（間）「ライアンはスーパーマンのシャツを持ってて、あたしは白雪姫のドレスを持ってるの。だってあたしは女の子だし、お姫様は女の子でしょ」
私：「スーパーマンって何？」
シンディー：「スーパーマンは男の子」（間）「ちょっと変てこ。あたしは白雪姫が好き」
私：「コンピュータに何が見える？」
コナー（4歳）：「うーんと……自動車。青の」

私：「その自動車のところでカチッとしたらどうなると思う?」
コナー：「速く走る! ぼく、速いのが好き。友だちもみんな速いのが好きだよ」
私：「友だちって誰?」
コナー：「ライアンとタイラー」(間)「あと、リリーも。リリーはピンクの自動車が好き」
私：「リリーはほかにどんなものが好きなの?」
コナー：「リリーは女の子だもん。ピンク色とお花とお人形さんが好きだよ」

セッションの後、彼らの親と話したとき、親たちのほとんどはわが子が2歳ぐらいになって実際にそう言い出すまでは、性別を意識した玩具を買い与えなかったと言いました。

エヴァの母親：「これまでちゃんと意識したことはありませんでしたが、たしかにエヴァ(2歳)にお姫様のグッズを買い与えるようになったのはつい最近です。娘が赤ちゃんの頃は、お人形もいくつか与えましたが、本人はいつも熊のぬいぐるみの方に興味を示していました。でも、2〜3週間前によその誕生日パーティーでシンデレラの人形を見てからは、ずっとそれをねだっています。クリスマスにはプレゼントするつもりです。娘は2歳の誕生日のとき、アリエルのパジャマと白雪姫のドレスも贈られています」

コナーの母親：「性別を意識したおもちゃを家に入れないようにすごく気を使ってきました。私たちは息子に、"男の子だから自動車や消防車で遊ばなくちゃいけない"と思ってほしくはなかったから。でもいまは、息子はバットマンとスーパーマンが大好きです。親のコントロールを跳び越えた力が働いているようですね」

章のチェックリスト

4〜6歳児向けのデザインに移る前に、以下のチェックリストを通じて、小さい子ども向けのサイトやアプリを開発する際の注意事項を確認してください。

あなたのデザインは以下の点をクリアしていますか？

- □ インタラクションするアイテムをはっきりと表示していますか？
- □ 色の数を少なめに抑えていますか？
- □ タップしないかぎり反応しない静的なナビゲーションを心がけていますか？
- □ 前景と背景のアイテムを明確に区別していますか？
- □ 表す内容が十分に伝わるアイコンですか？
- □ 音をうまく使って、機能や意味を適切に伝えていますか？
- □ 性別に関わりなく、子どもに向き合っていますか？

次の章では、1つ上の年齢層の子どもを対象にします。認知能力や振る舞いの変化を知り、彼らのためのデザイン方法を学んでいきましょう。

リサーチのケーススタディ：ノア、3歳

好きなアプリ：『レゴ ミニフィギュアゲーム』
男の子らしいかわいい盛りのノアは、6歳の兄のすることすべてを崇拝しています。兄がレゴのブロックで遊び始めたら、自分も同じことをしたがりますが、細かいピースはノアにとって小さすぎて、ちゃんとしたものをつくることができません。デュプロブロック（レゴブロックより大きい）ならうまく遊べますが、ノアは数分間以上長く集中することがまだできません。

　そこでノアの父親が、レゴをテーマにしたアプリをいくつかダウンロードしたところ、ノアはすぐに『レゴ ミニフィギュアゲーム（LEGO Minifigures Game）』に夢中になりました。このゲームでは、子どもがミニフィギュアのパーツを絵合わせして、全シリーズをつくり上げるようになっています。大きなボタンも音もノアは気に入り、特に絵合わせの過程でパーツがめちゃくちゃに並んだミニフィグが現れることに大喜びでした（図4.14）。

遊びながら私の質問に答えていた彼は（小さい子どもにはなかなかむずかしいことです）、私に父親のiPhoneを見せて「シリーズ！シリーズ！」と言い始めました。私ははじめ、彼の言っていることが理解できませんでした。ノアはすぐに自分でアプリを操作し、ミニフィグの組み立て方を見せてくれました。ノアがミニフィグを「正しく」完成させると（図4.15）、そのキャラクターの画面と、それまでにコンプリートしたミニフィグのシリーズのページが現れました。

　「これ、ぼくのシリーズ」。彼は誇らしそうに言いました。「ぼくのなんだ！」

図4.14 『レゴ ミニフィギュアゲーム』では、子どもはさまざまにパーツを組み合わせて自分のキャラクターをつくることができる。

図4.14 ∥ ノアはミニフィグを集めてアプリに加えていくことが大好き。

私がノアと話してわかったのは、このゲームのテーマは、発見、創造、不作法、実験であり、達成感は二の次だということでした。ノアは、iPhoneでプレイして変なキャラクターが出てくることがただおもしろいのです。彼にもゲームの本来のゴールが「シリーズ」にアイテムを追加することだとわかっていましたが、大半の2〜4歳児と同じように、彼の一番の関心はプレイすることそのものにあったのです。

INDUSTRY INTERVIEW

エミル・オヴマール（トッカ・ボッカ社プロデューサー兼共同創業者）

EMIL OVEMAR

エミル・オヴマールは、子ども向けのデジタルトイを制作している遊びのスタジオ、トッカ・ボッカ社の共同創業者兼プロデューサーです。同社は2010年の創業以来、『トッカ・ティーパーティー』『トッカ・キッチン』『トッカ・ロボット・ラボ』など17のタイトルを発表しています。新しいゲーム『トッカ・テイラー』は、2013年のiKidsアワード「ベスト・ゲームアプリ賞──6歳以上部門」を受賞しました。エミルは、妻フリーダと子どものアッベとアニーと一緒にストックホルムで暮らしています。

著者デブラ・レヴィン・ゲルマン（以下DLG）："デジタルトイ"のコンセプトが大好きです。このアイデアは──そしてトッカ・ボッカ社も──どこから来たのですか？　この分野に集中していこうと決意されたきっかけは？

エミル・オヴマール（以下EO）：共同創業者のビョルン・ジェフリーとぼくは、2009年にボニエグループという会社で働いていました。当時のぼくたちの仕事は、雑誌や書籍といった既存の伝統的な媒体に新しいアイデアを吹き込んで、プロトタイプをつくること。だけど、2人とも何か新しいことを探していました。さまざまな選択肢を見て、自問しましたよ。「人が喜んでお金を払うものって何だろう？」って。子どものために何かを創造するというアイデアが浮かんだとき、これだ！と思ったんです。子どもが2人いて──当時、5歳と3歳──どうすればテクノロジーを子どもたちの人生に参加させられるのかを考え始めていたから。親は子どものためになる玩具やエクスペリエンスにはお金を惜しまないものです。子どものために何かを創造するということは、自分にとって関心があり、しかも子どもにも恩恵をもたらすチャンスでした。

遊びと楽しみのアイデアはずっと前から温めていたものがあったので、それを、見た目のおもしろさのなかにどうデザインしようかとわくわくしました。子どもを惹きつける方法を知りたくてリサーチもやってみたけど、結果にはがっかりさせられましたね。子どもが使えるアプリのほとんどは、単純なゲームか教育的に役立つことを詰めこむかのどちらかでした。うちの子どもがiPhoneを操作しているところを観察すると、彼らは機器そのものをおもちゃみたいに使います。つまり、特定のゲームやアプリを求めているのではないんですね。ボタンに触れたときに鳴る音とか、画面を切り替えたときに出るアニメーションとかが好きなんです。だから考えました。ただ子どもが遊ぶだけのものをつくったらどうだろう、テクノロジーそのもののおもちゃをつくったらどうだろうって。

このときから、新しいタイプのおもちゃづ

069

くりについて探求を始めました。その結果が、タッチスクリーンという先進のテクノロジーを使った新しい遊び方です。トッカ・ボッカ社は、この探求から生まれた会社です（図4.16）。

DLG：ゲームのアイデアはどこから湧いてくるのですか？　そのアイデアのなかから、実際に構築するものをどういう基準で選ぶのですか？

EO：まず、大まかなコンセプトとテーマから始めます。次に、そのテーマのなかで遊びの可能性を探ります。たとえば、『トッカ・ヘアサロン』の場合、ヘアサロンはファッションと美容に関連するものだけど、髪の毛をテーマに遊んだりインタラクションしたりするときにどんなおもしろいことが起きるかに着目しました（図4.17）。それで、それぞれ髪型の違うたくさんのキャラクターをつくりました。さらに、髪に関して（ひげも含む）できるあらゆること――カットやヘアダイやシャンプーやひげ剃り――を盛り込みました。こうしたごく小さなインタラクションを、できるだけおもしろく新鮮なものにすることに細心の注意を払いました。テーマは遊びの乗り物みたいなもので、テーマのもっと小さいさまざまな部分が実際のゲームになるわけです。

DLG：デザインや開発の過程に、子どもたちをどのように関わらせていますか？　子どもの参加するデザインアクティビティはどのようなものですか？　あなたが制作するものに子どもはどの程度影響を与えますか？　その理由は何でしょう？

EO：ぼくたちはデザイン過程のすべてで子どもに関わってもらっていますよ。まず、コンセプトとテーマが決まったらすぐに、エクスペリエンスの小さいところを切り取ったプロトタイプを紙でつくります。ただの白い紙や、段ボールに糸を張ったものなどで。それからそのプロトタイプを子どもの前に置いて彼らがどうするか見るんです。たいした反応がなければ、ぼくたちはいったん戻って、テーマかインタラクションについて何をどう変えるべきか考え直します。

　ときには、実体のあるおもちゃを子どもに渡し、遊ぶ様子を観察して、質問をする

図4.16『トッカ・バンド』では変わった方法で曲づくりをする。

図4.17『トッカ・ヘアサロン』では髪の毛で遊ぶ。

こともあります。『トッカ・トレイン』を制作していたときは、子どもにおもちゃの列車を与えて、彼らがどんなふうに扱うのか、彼らがやろうとした、普通とは違うことをただ観察しました。そうしながら、常に自問し続けました。玩具メーカーが見落としてきて、ぼくたちがデジタル空間で実現できることは何だろうって。「遊ぶ」という概念にどんなふうに切り込めば、子どもがもっとおもしろがるだろうって。

　ぴったりの例が『トッカ・ティーパーティー』の開発中に起きました。ティーカップやお皿や調理用具など、大量の絵を切り抜いて、子どものいる部屋の床に置いたときのことです。ぼくは、本物のティーパーティーで起きそうなちょっと意外でおもしろいことについて考えました。そこで、ジュースを注ぐときにこぼす真似をしてみたら、子どもたちは大喜びでした。このことが、こういうちょっとした「不調和」を全体のエクスペリエンスにどう組み込めばいいか考えるきっかけになりました。子どもはこうしたことを暴き出すのが実にうまい。細部を認識する感覚が研ぎ澄まされているからです。

DLG：大人向けにデザインする場合と子ども向けの場合とで、最も重要な違いは何ですか？

EO：大人向けのデザインや、大人を対象としたゲームのデザインについて考えるとき、普通はそこに何らかの目的があると考えます。たとえば、大人のユーザーが振る舞いを変えるきっかけになるゲームや、ゲーミフィケーション［遊びや競走など、ゲームの手法を応用して参加者の意欲をかき立て、ゲーム以外の分野でのコミュニケーションに役立てる手法］の環境でバッジを集めるとか。ですが、大人が純粋に楽しみのためだけにデジタルでおこなうことはきわめて少ないのです。ここが大きな違いです。子どもはプレイすること自体を通じて学び、コミュニケーションをとり、成長していきますが、大人は通常、プレイするのにより大きな目的を必要とします。

　もう1つの違いは、子ども向けのデザインではフィードバックが本当に大切だということです。あらゆる種類のフィードバックが必要です。大人がフィードバックをありがたいと思うのは、まちがったことをしたときや、自分が正しいことをしているかどうかを確認したいときぐらいです。一方、子どもは、何かをしたらそのたびにシステムから何か返ってくるのが大好きです。予想外のおもしろいことが起きるのもとても喜ぶ。大人は予想外のフィードバックは好まない傾向が強いです。また、「引っかかり」に対する考え方も子どもと大人は違います。大人は引っかかりをいやがります。タスクにはできるだけ真っ直ぐに進んでいってほしいのです。子どもはちょっとした引っかかりをとても喜びます。やりがいにつながるからです。子ども向けの場合は、デジタル環境でジュースを注ぐとか箱を積むようなことにも、冒険の要素を持たせるべきです。大人だったら回り道をせずにさっさと終わらせたいようなことにも。

ちょっとした不調和を組み込む

第5章

4〜6歳：
"どっちつかずの中間層"
THE "MUDDY MIDDLE"

どういう子ども? ································ 074
社会性を持たせる ······························ 074
ゲームに学習の要素を入れる ············· 077
フィードバックと強化 ························ 080
自由度を大きく ·································· 082
常にやりがいを ·································· 083
章のチェックリスト ··························· 085
リサーチのケーススタディ：
　サマンサ、4歳半 ···························· 086

「無意味を旨味に変えるのが利口者。」
—— ロアルド・ダール（イギリスの小説家）

4〜6歳の子どものことを、私は"どっちつかずの中間層"と呼んでいます。抱き締めたくような幼児のかわいさと、物事がわかり大人びてきた就学児童のちょうど中間に嵌まっているからです。幼児向けのゲームは物足りませんが、まだ字はあまり読めないために、小学生向けのサイトやアプリを楽しむこともできません。残念ながら、この年齢層に的を絞ってデザインされたデジタルプロダクトはほとんどありません。じっとさせておくことがむずかしく、それでいながらアイデアと知識と創造性と強い個性を持つ彼らは、扱いがむずかしいのです。

　4〜6歳児は2〜4歳児と同様にまだ前操作段階にいますが、4〜6歳児は認知能力の面および身体面、感情面で大きく変わっていて、この年齢層を対象としてデザインしようとすると、独特のむずかしさに直面します。

どういう子ども？

表5.1に、4〜6歳児の振る舞いや態度と、それがデザイン上の意思決定に及ぼす影響について、主な項目をまとめました。

　4〜6歳児は、どのように振る舞い、コミュニケーションをとり、プレイすればいいか、その「ルール」をひととおり学び終えています。この年齢層の子どもは、学んだルールを曲げたり、壊したりする方法を探そうとします。彼らは世の中には制限のあることを知っています —— 怒る親、壊れるおもちゃ、泣く友だちを見て覚えます —— が、あらゆる機会を使って限界を測ろうとします。デジタル環境は、こうした活発な子どもが現状に挑み、外界についてもっと学ぶ格好の場所です。

社会性を持たせる

大人向けの場合に"社会性をもったデザイン"と聞けば、ユーザーが他者とコミュニケーションをとって相互交流するエクスペリエンスのことが思い浮かぶでしょう。子ども向けのデザインでも基本は同じですが、子どもの場合には「他者」とは「他の子ども」の意味ではなく、「他の人間」の意味ですらありません。「他者」と

□ 表5.1 ║ 4〜6歳児で留意すべきこと

4〜6歳児の行動	その意味	対応
他者に共感しやすい	物事を他者の立場で見始める	インタラクションに"社会性"を持たせる。子どもが実際には他者とコミュニケーションをとっていない場合でも同様
外界に強い好奇心を示す	新しいアイデアやアクティビティ、能力の学習に高い意欲があるが、習得するのに思ったより長い時間がかかると不満を感じる	デザインするタスクとアクティビティに到達可能なゴールを設定する。コンテキストに応じたヘルプとサポートを用意し、子どもが情報を簡単に理解できるようにする
脇道にすぐ逸れる	タスクやアクティビティを最後まで成し遂げられないことがある	アクティビティをシンプルで短く、満足感の得やすいものにする。マイルストーン（節目）ごとにフィードバックと励ましをおこなう
自由な想像力がある	厳格な手順やステップごとの指示に従うよりも、自分の好きな手順をつくりたがる	プレイや参加のための「ルール」をできるだけ単純にし、子どもの工夫や自己表現や物語づくりの余地を多く用意する
記憶能力が急速に向上している	誰かが実行している様子を見ただけで、イベントの複雑な順序を記憶できる	複数ステップが必要なアクティビティやゲームを組み込み、主要なゴールも複数個用意する（たとえば、赤い星と緑のりんごではタッチしたときの得点が違う、など）

は、子どもにとってエクスペリエンスの一部と感じられる存在です。子どもは、プレイヤーおよびゲーム貢献者として、エクスペリエンスのなかにいるキャラクターたちのインタラクションを観察し理解できる必要があります。この年齢層の子どもは、人それぞれの個性や感覚、アイデアが大切でおもしろいことをなんとなく知っています。エクスペリエンス内でこうした違いを提示し、ユーザーと直接的にコミュニケーションをとらせることで、社会性が盛り込まれ、インタラクションにいっそうの深みとコンテキストがもたらされます。

　ときには、一人称で表現するだけで簡単に社会性を感じさせられることもあります。キャラクターやゲーム要素や操作説明が直接子どもに話しかけると、子どもは共感しやすく、エクスペリエンスに入り込みやすくなります。

『スースヴィル（Seussville）』を例にとって見てみましょう。このよく練られたサイトのデザイナーは、ドクター・スース［アメリカの絵本作家、児童文学作家、詩人、1991年没］のキャラクターたちの個性を、キャラクター選択画面でおもしろく紹介します。ドクター・スースの本に登場する、文字どおりすべてのキャラクターがベルトコンベヤーに乗って滑り、ユーザーにプレイするキャラクターを選ばせるのです（図5.1）。このキャラクター選択画面は、子どもにとって社会性を感じる強力なエクスペリエンスです。キャラクターに「会って」、1人ずつと関係を築くことができるからです。子どもは、一人称の視点から画面をコントロールして、キャラクターの見た目の違いをまず知り、さらに、各自の個性のもととなるキャラクターの性格や背景などの細かい情報を知ることができます。現実の生活で人と出会うのとよく似ています（ベルトコンベヤーはありませんが）。

　ユーザーがキャラクターを選ぶと、2箇所にプルダウンが現れます。右側にはそのキャラクターが登場する本の名前や、語った言葉などの情報が記され、左側には、そのキャラクターが登場するゲームとアクティビティの一覧が記されます。

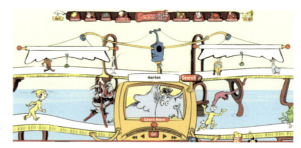

図5.1 『スースヴィル』は、子どもに一人称の視点をもたらす。

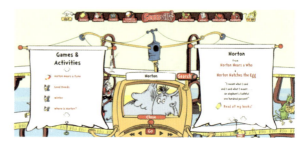

図5.2 『スースヴィル』は、他の人間とは交流していない子どもでも、社会性を感じることができる。

こうした社会性のあるエクスペリエンスが、このサイトの大半のゲームに盛り込まれています。たとえば、ホートンという象のアクティビティ一覧から「Horton Hears a Tune」を選ぶと、ホートンの見守りのもとで、オルガンのような楽器でメロディーをつくることができます。しかも、社会性の体現の一貫として、つくったメロディーを録音し、家族や友だちと一緒に楽しめるようになっています。

図 5.2 ▪ 「Horton Hears a Tune」では作曲して披露できる。

ゲームに学習の要素を入れる

ユーザーが必要とした時と場所でヘルプを提供する方が、ヘルプを得るためにいったんタスクを抜けなければならないやり方よりも優れているというのは、デザイナーなら誰もが知っています。これは特に4〜6歳児の場合に当てはまります。彼らは、物事がなぜそんなふうなのかに強い興味があり、その場ですべてを知りたがるからです。古い世代の「学校いやだー」という感覚とは異なり、いまの時代の子どもは学ぶことを楽しみ、できるだけ多くの情報に浸りたいと望んでいます。

　こうした新しい態度は、昔に比べて学習が、ダイナミックで実体験にもとづいた創造性豊かなものになってきたことと無縁ではないでしょうし、ほかにも学習を楽しくするデジタル教育ツールがたくさん出回っています。しかし、小さい子どもはやはり、自分にとってちょうどいい時間より長い時間がかかるとイライラします。デザイナーは、学習を素早く簡単に楽しくおこなえるように、簡潔で扱いやすい操作指示を用意すべきです。また、学習をエクスペリエンスそのものに組み込む工夫も求められます。

『恐竜のチェス（Dinosaur Chess）』は、体系的に物事を教える非常に優れたアプリです。チェスを覚えようとする子どもに何かわからないことがあると、即座に手助けします（図5.4）。アプリを立ち上げるときに、子どもは何をしたいか選びます。このアプリの楽しいところはチェスだけではないことです。子どもはチェスのレッスンを受け、自分の上達具合を確認し、「恐竜ファイト！」に参加することもできます。

　また、メニュー画面の宝探し的なマップからアクティビティにリンクするのも喜ばれる特典です。アクティビティを通じて上達できるように後押しもおこないますが（大きい子どもならついていけるでしょう）、押しつけがましくないので、無視して探検するのも自由です。ルールを破りたがる子どもにとってこの特長が優れているのは、中心のフローを確立したうえで、脇道に逸れるちょっとした方法が巧みに用意されていることです。

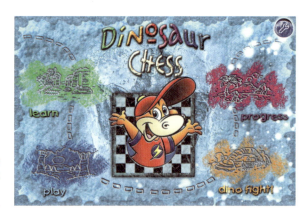

図5.4 『恐竜のチェス』には学習の機会が豊富に用意されている。

　ユーザーが「学ぶ」オプションを選ぶと、おじさん風の恐竜（どういうわけかスコットランド風の格好）のいる画面に移ります。おじさん恐竜は、たたみかけたりせずに、チェスの仕組みを上手に子どもに教えます。4～6歳児はまだちゃんと読めないため、デザイナーは文字ではなくナレーションを活用しており、大きな効果をあげています。

　チェスのレッスンは、4～6歳児がその気になったときに少しずつ覚えて上達していけるように、短く受け止めやすいまとまりに分けられ、主に聴覚を通じて指示がおこなわれます。子どもは駒の動かし方を学んだら、さまざまな手を試すことができます。見て実際にやってみることで覚えていく小さな子どもにとって、これは非常に効果の高い方法です（図5.5）。

このアプリの対象が大人であれば、レッスンはもう少し長くなったでしょうし、音声だけでなく文字による説明も加わったでしょう。大人にとっては、音声と文字の組み合わせが最も学習効果が高いからです。しかし、注意力が続かず、何でも手早く覚えたい小さい子どもにとっては、短く区切った音声とアニメーションのお手本が、まさに最高の組み合わせなのです。

　『恐竜のチェス』で私が特に気に入っているのは、ガイドつきでゲームをするところです。ゲームのどの時点でも、「?」ボタンを押してヘルプを呼び出せます。多くのサイトやアプリでは、子ども向けの場合も含めてヘルプ情報の入ったシートがポップアップする場合がよくありますが、『恐竜のチェス』では、ポップアップではなく小さなアニメーションとナレーションを使って、次に指すべき手をユーザーに教えてくれます（図5.6）。

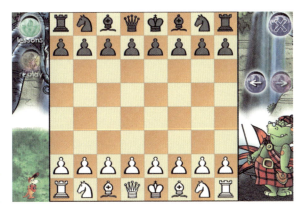

図5.5 『恐竜のチェス』は、短くわかりやすいまとまりに分けてチェスを教える。

図5.6 『恐竜のチェス』はアニメーションとナレーションを使って状況に応じたヘルプを示す。

［TIPS｜レベルを下げてはいけない］
4〜6歳児向けにエクスペリエンスをつくろうとする場合、デザインの「レベルを下げる」という罠に嵌まってはいけません。この年齢層の子どもは、見た目よりもずっと大人びています。かなり複雑な問題でも解決できる能力があり、頭のなかで効率よくカテゴリ分けをおこない、かなりの語彙を獲得していて、テクノロジー的に相当な物知りです。もっと年下の子ども向けのゲームをおもしろがることもありますが、もっと込み入ったインタラクションに挑めるだけの素養も持っています。

フィードバックと強化

4〜6歳児のグループに関わったことのある人ならおわかりのように、この年齢層の子どもは興味が長く続きません。年齢が低いほど顕著です。6歳以上になると興味の持続時間が延び、1回のセッションでより多くの情報を吸収します。おもしろいのは、集中できない小さな子どもは、集中できない自分自身にイライラし、そのイライラをエクスペリエンスにぶつけるということです。

　これに対してデザイナーによく見られる反応は、「よし、子どもが長く遊びたいと思うように、自分のアプリ／ゲーム／サイトをおもしろくしなければ」です。しかし、いくらおもしろくしても、それだけでは子どもは長く遊んでくれません。望ましいアプローチは、子どもに続けたいと思ってもらえるように、エクスペリエンスのなかでフィードバックを適切に与えることです。

　アクティビティに子どもの関心を長く惹きつけるための方法を紹介しましょう。

◎凝りすぎない ── 子どもを対象とする場合、デザイナーは画面に出現するすべてに何かをさせようとしがちですが、4〜6歳児にタスクを完了させたい（たとえばパズルを完成させる、ゲームをプレイさせるなど）のなら、余計な機能は省きます。

◎分ける ── 2〜4歳児向けにデザインする場合と同様に、4〜6歳児向けのアクティビティも扱いやすい単位に分解しましょう。年齢が上がるにつれ、1つの単位を少し大きくできますが、少数で長いステップよりも、明確でシンプルなステップがたくさんある方が望ましいです。大人のユーザーは、完了までのステップ数ができるだけ少ないことや、1つの画面のなかでスクロールダウンしながらタスクを終了する方を好みますが、4〜6歳児は1つのステップを終えて新しい画面に移動する方を好みます。

◎ご褒美を──アクティビティのピースが完了するたびにフィードバックを与え、アクティビティを続ける意欲をかき立てましょう。時間と予算に余裕があれば、フィードバックには複数のメカニズムを組み合わせ、タスク完了プロセスを驚きと発見で満たしましょう。

勝ちと負け

4歳頃から、子どもは「勝ち」の意味を理解し始め、「負け」る気配をかなりいやがるようになります。1980年代後半、親および教育関係者は、負けるという概念を覚えさせるのはかなり後の方がいい、という結論に達しました。そのため彼らは週末のスポーツで得点を記録するのをやめ、試合や競走が「引き分け」になるように仕向けました。あいにくなことに、この戦略はだいたい裏目に出ました。子ども──いまはもう大人に成長しています──が「勝つ」ことをやめてしまった（たとえば、行きたい大学に行こうとせず、就きたい仕事に就こうとしない）のです。成長したときに、つらくてもがんばってやり直す気力を奮い起こせませんでした。

問題は、大人である私たちが、「負け」をよくないエクスペリエンスとする考えにとらわれすぎ、その考えを子どもに浸透させたことです。もし大人が、「負けてもOK」、「物事を学ぶいい機会」という姿勢であれば、否定的な姿勢をとり続けるよりも、子どもははるかにいい成長を遂げるでしょう。

デジタルエクスペリエンスでは、たとえば次のような工夫をすることで、「負ける」あるいは「まちがえる」がもっと楽しくなります。

◎からかうような音楽を鳴らす（「哀しげなトロンボーン」とか）
◎短く、おちゃめなアニメーションを流す
◎簡単に答えられる多項選択式のクイズなど、シンプルな「敗者復活ゲーム」をつくる
◎うまくできたところを子どもに示す

特に重要なのは、必ず、やり直しの機会を用意しておくことです。子ども
は「こんどこそ」という考え方に非常によく反応します。

自由度を大きく

4〜6歳児は、ルールが簡単かつ単純(しかも、ルール破りのチャンスもたくさんある)で、出入りしやすい自由なアクティビティに惹かれます。これは7歳になる頃に大きく変化します。7歳ぐらいになると、制約のなかにとどまることに集中し、あるレベルの秩序を心地よく感じるようになります。しかし、4〜6歳児の場合は、ルールを破ったり限界を試したりすることがおもしろいのです。デジタル環境はまさにうってつけの場所です。

『Zoopz.com』には、モザイク［小さなものを寄せ集めた絵やデザイン］をつくるツールがあります。子どもは既存のモザイクをつくり変えたり、ゼロからつくったりすることができます(図5.7と5.8)。

『Zoopz』の長所は、ほとんど説明がなくてもモザイクをつくれるところです。つまりいきなり遊び始めることができます。これが重要なのは、小さい子どもは何かを始める前に細かい指示を聞かされるのをいやがり、説明の途中で別のことを始めてしまうからです。4歳児と5歳児はだいたい、すぐにわからなければウェブサイトを抜け、アプリを終了するものです。それより上の年齢層なら、待ち受ける楽しみが大きいと思えば、少し待たされたり、細かい指示を受けたりすることもできるのですが、小さい子どもはそのサイトをすぐに捨てます。あなたのつくるゲームが自由な探索を許すのなら、本当に自由なものにして、プレイ前に大量の説明が必要ないようにしてください。

オープンな探索と自由な創作において特に大切なことをここで注記します。『Zoopz』のように「取り置き」機能のついた何かをデザインする場合は、つくったものを子どもが印刷か保存できるようにしておくことです。子どもにとって、自分のルールで好きに遊ぶこと以上に楽しいことが1つだけあります。自分の作品を人に見せることです。『Zoopz』ではこれができません。作品を人と共有する、すなわち印刷して友だちや家族に見せる機能が用意されていないからです。こうした機能は、子どもが年長になるにつれ、より重要性が増します。第6章「6〜8歳:

図5.7 『Zoopz.com』の既存のモザイクをもとに、どこまでできるか実験できる。

図5.8 『Zoopz.com』の「モザイク・クリエーター」を使って、自分で好きなようにデザインする。

"大きな子ども"」で、共有、保存、保管について詳しく述べます。

常にやりがいを

4〜5歳頃の子どもにとって最もひどい悪口は、「赤ちゃんみたい」です。「大きな子ども」の範疇に入ろうとしている彼らは、小さな子ども向けのサイトやゲームで自分が遊んでいるとは絶対思いたくありません。残念ながら、「赤ちゃんみたい」の定義は子どもによって異なり、何を指すのかを厳密には切り分けられませんが、私の経験では、自分にとって難易度とやりがいが十分でないものを「赤ちゃんみたい」と感じるようです。4歳頃から、子どもの記憶能力は大きな伸びを見せ始め

るため、ゲームやアクティビティのステップを増やすことは、彼らの緊張感を維持するのに役立ちます。

　デザイナーとして私たちは、デザインしたものをユーザーが即座に理解できるようにしたいと本能的に願うものです。ですが、小学生児童向けにデザインしている場合にはその考え方から離れてください。子どもがゲームやアプリの目標を簡単に理解できる必要があることはたしかですが、1回で完璧に理解できなくてもいいのです。子どもが素早く完了できるような比較的簡単な場面をつくり、少し難易度の高いものはあとから出てくるようにするとよいでしょう。たとえば、飛行物体を撃つゲームをデザインするのなら、ひときわ高速な飛行物体を交ぜ、それを捕まえられればボーナス得点が加算される、あるいはボーナスゲームが出現するという方法が考えられます。子どもは、習得するまでに何回か繰り返さなければならないものは「赤ちゃんみたい」とは思わないようです。子どもの記憶力と敏捷さを尊重したデザインを、彼らはおもしろいと思ってくれるはずです。

[親もユーザー]

ゲームやアプリの複雑さを上げたいときでも、やはりシンプルさと明快さを維持することは大前提です。ルールの説明やインタラクションのデモのために親が多少介入することはあったとしても、親や兄姉がゲームの仕組みそのものに深く関与するようでは、どの年齢層の子どももうんざりします。

「勝ち」や、目に見える「ご褒美」を用意する場合でも、「勝ち」に重きを置きすぎず、「ご褒美」も小さく控えめにするように心がけてください。「勝ち」や「ご褒美」が非常に大きなものだと、子どもはむずかしい箇所を親にクリアしてほしいと頼むようになります。私は、子どもがオンラインで遊んでいるときには親も同じ部屋にいるべきだと思いますし、子どもがデジタル機器を使っているときには親が頻繁に様子をチェックすべきだと思いますが、それでも、親の過度の介入は子どもから自主性を奪い、子どもが本来学習すべきだった、また実際に学習できるはずだったことの妨げになると考えます。

章のチェックリスト

以下に、4～6歳児向けにデザインする場合のチェックリストをまとめます。

　　□「社会性」を感じられる内容ですか?
　　□ 操作説明や進み具合の単位を扱いやすいまとまりに分解していますか?
　　□ 小さなマイルストーン(節目)を通るたびにすぐさま前向きな
　　　　フィードバックを与えていますか?
　　□ 子どもが工夫や自己表現をおこなう余地がありますか?
　　□ 向上した記憶力を活用する、複数ステップのアクティビティを
　　　　組み込んでいますか?

次の章では、子どもとテクノロジーとの関わり方のさらに大きな変化と、この変化に伴う、デザイン面での課題についてとりあげます。

リサーチのケーススタディ：サマンサ、4歳半

好きなアプリ：『エンドレスアルファベット』

サマンサに好きなアプリを教えてと頼んだら、彼女は母親のスマホに入っている『ディズニープリンセス』シリーズには目もくれず、『エンドレスアルファベット(Endless Alphabet)』に突進しました（図5.9）。見た目の不思議なこのゲームは、文字が生き物になったアニメーションを通じて、nibble（かじる）やpester（困らせる）、zigzag（ジグザグ）など、ちょっとおもしろい単語のスペルを教えてくれます。まずその単語をアプリが発音し、定義を読み上げます。次に、ユーザーがその単語の所定の位置に文字をドラッグします。子どもが文字をドラッグするたびに、各文字に対応した音が変な声で流れます。たとえば、Aの文字をタップすると、小さい女の子のおかしな調子の声が「ah ah ah ah AH!」と発音します。また、その単語と意味がアニメーションで表現されます（図5.10）。

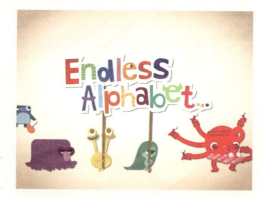

図5.9 『エンドレスアルファベット』は文字と単語で遊ぶ。

サマンサに『エンドレスアルファベット』で何が一番好きかを聞いたときの答えは、「見たい言葉を自分で選べるところ。ABCDEの順に進んだりしなくていいから」でした。この答えは、私たちが4〜6歳児について知っている、「秩序は少なめがよく、自分で方向を選べ、探索に応じてアプリの機能を自分で発見できる自由度の高さを尊ぶ」をまさに裏づけています。サマンサはまた、「文字が出す変な声」と、文字たちをドラッグす

ると「くねくねしたりジャンプしたりする」ところも楽しいと言いました。こうした素早いフィードバックと、動く文字というちょっとした楽しいおまけが、サマンサをこのアプリに惹きつけ、もともとこのアプリの目的である学習の効果も引き上げています。

　サマンサがこのアプリ（の無料バージョンのなか）で一番いやなのは、選べる単語の数が少ないことだそうです。「もっと言葉が増えればいいのに！」とサマンサは言います。「vegetable（野菜）なんてもう100回もやったんだから！」。サマンサの母親はおそらく5.99ドルを払って、フルのアプリを購入するでしょう。なぜなら、サマンサがtangle（からまる）、multiply（増える）、sticky（くっつく）のような単語を現実に理解していて、文字と読み書きに対する興味が高まっているからです。

　サマンサの様子を観察し、いくつか質問をして気づいたのは、中心にあるものは探索、驚き、反応、そして自己主導性だということです。さらに、彼女が自分は学習しているとわかっていて、その学習をクールだと本心から思っているのも興味深いことでした。「おもしろいゲームっていうだけでなく、いっぱい教えてもくれるの。わたし、文字はもう全部覚えちゃった。文字がどんなふうに合わさって言葉になるのかも、わたしがどんなふうに言葉をつくってどんなふうに新しい言葉を覚えればいいかも教えてくれたよ。ほんとおもしろい！」

図5.10 ∥『エンドレスアルファベット』は音とアニメーションと擬人化したイメージを通じて、単語の意味を教え込むのではなく、見てわかるように示す。

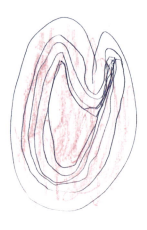
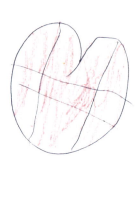

リリー、6歳

第6章

6〜8歳：大きな子ども
THE BIG KIDS

どういう子ども?	090
外界の影響	090
レベルアップ	091
説明、説明、また説明	093
保存、保管、共有、収集	095
ルールに従ってプレイする	100
バッジは必要	103
見知らぬ人は怖ろしい	105
章のチェックリスト	109
リサーチのケーススタディ：アンディ、6歳	110
インタビュー：リネット・アテイ	112

> 「曇りのない目で物事を見るのは子どもだけだ。
> 見たくないものを見えなくする大人のフィルターが発達していないから。」
> ―― ダグラス・アダムズ（イギリスの脚本家、SF作家）

私は、6～8歳児向けにデザインすることが一番好きです。なぜかと言うと、この年齢の子どもは、自分を顧みることができ、複雑で、ずる賢く、開放的で、自分がクールだと思ったものには信じられないほどの興奮を示すからです。10歳頃から現れる、成長過程として健全な皮肉気質もまだ発達していませんし、"トゥイーン[8歳からティーンエイジャーの間]の不安"の到来にもまだ時間の余裕があります。ぬいぐるみをかわいがる一方で、字はちゃんと読めます。この年齢層の子どもは、大人の素養と子どもの無垢さの両方を完璧に併せ持っています。

どういう子ども？

この年齢層向けのデザインでは、実験のチャンスがたくさんあります。ただし、6～8歳は、暮らしのなかで大人から影響を受けるより、周囲の仲間から大きな影響を受け始める時期だということを覚えておいてください。表6.1に特徴を示すとおり、デザイナーは下の年齢層のときとはまったく違う苦労に直面させられます。

外界の影響

小学校に入学すると、子どもの領分に影響を及ぼす存在は、それまでの家族と親しい友だちから、クラスメートや教師や何かの指導者などに広がっていきます。このため彼らは、モノや振る舞いや状況を、異なる立場から異なる見方でとらえられるようになります。この覚醒に、外界で何が起きているのかをより深く注視する能力が加味され、子どもは自分の無力さを感じ始めます。その結果、子どもは自分が管理し指揮できる状況を求めるようになります。

　表6.1の各欄をたどり、この年齢層向けにデザインすることがどういうことなのかを考えてください。

□ 表6.1 ‖ 6〜8歳児で留意すべきこと

6〜8歳児の行動	その意味	対応
集中する	いまおこなっていることを、次に進む前に完全に習得したがる	進歩、レベルアップ、達成の継続というコンセプトを組み込む
努力して得た知識より、真新しい派手な知識を好む	推測を嫌う。自分で探索するよりも、「ここで何をすればいいの」と聞きたがる	エクスペリエンスが始まった時点で、大事なことは何か、これから何をするのか、その理由は何か、を明確にする
永続性の概念を理解し大切にする	好きなときにエクスペリエンスに戻り、前回の地点から再開しようとする	自分の実行した結果を保存し、保管し、共有できるようにする。仮想のエクスペリエンスと物理的なエクスペリエンスを関連づける
自分では外界をコントロールしきれないと感じ始める	ルールを守ることに非常に熱心である。自分自身と振る舞いについての詳細な指針を作成する	明快でたどりやすいルールセットを用意するが、その解釈は子どもに委ね、拡張する余地も残しておく
質より量を好む	何かを上手にこなすことよりも、集めてまとめることのできるエクスペリエンスを好む	獲得して貯めていける、基本的なゲーミフィケーションの戦略（得点、バッジなど）を組み込む
知らないものに対しておびえ、疑念、不信を抱き始める	初対面の人や新しい試みにためらいを感じる	社会性のある相互交流から離れ、自己表現を重視する

レベルアップ

6〜8歳児は、まだいくらも経っていない4歳だった頃に比べれば、ずっとたやすくタスクに集中できます。この集中力がときに執着に変わり、習得できるまでそのタスクを何度も繰り返します。こうした子ども向けにデザインするときは、ゲームではない場合でも複数のレベルで到達点を用意しておきます。

　ゲームの場合は、最初の数レベルは楽々とクリアできるように低く設定すべきです。次第に難易度を上げ、早い段階から子どもが達成感と上達感を味わえるようにします。レベルが上がれば当然むずかしくなりますが、レベル間の難易度の差は一定に保ってください。

　教育用のサイトやアプリの場合は、進み具合のパターンをはじめに提示しておきます。こうすることで子どもは、新しい画面に移る前に自分が次に何をしなければならないか、全体の構造がわかります。インタフェースを移動するたびに、何に

取り組むことになるのか予測できるわけです。たとえば、算数を教えるインタフェースをデザインするときには、計算問題の画面上のレイアウトは同じにそろえ、ただ問題の難易度だけを上げるのです。色やアイコン、アニメーションなどは画面ごとに変化させてもよいですが、基本構造は、子どもが慣れ親しんだ感じをもてるように統一します。第一印象で自分にはクリアできないだろうと感じたら、熱中してくれる可能性が減ります。

　『PBSキッズゴー！（PBS Kids Go!）』は、2～10歳の子ども向けにさまざまなゲームを提供しています。特に6～8歳が中心のターゲットです。"一緒に学ぼう"という雰囲気を打ち出しているため、ターゲットの子どもの成長に合わせてゲームを成長させようとします。このサイトのゲームはほとんど、個々のアプリも含めて、わかりやすい基本的なアクティビティで始まり、子どもが上達するにつれ、徐々にむずかしくなっていきます。

　たとえば、『フィジーのランチラボ フリースタイルフィズ（Fizzy's Lunch Lab Freestyle Fizz）』は、フライドポテトやホットドッグ、チョコバーを避けて、チーズやパン、りんごなどの健康的な食べ物を集めるゲームです（図6.1）。やさしいレベルのうちに子どもはコントロールに慣れ、食べ物の効率的な集め方を習得します。レベルが上がるにつれ、集めるべきアイテムも避けるべきアイテムも増えていきます。

図6.1『フィジーのランチラボ』は、レベルアップの仕方が工夫されている。

説明、説明、また説明

小さい子どもは、流れに沿って進みながら探索したり学習したりする方を好みますが、6〜8歳児はすべての情報が前もって示され、最初から正しく理解する方を好みます。6歳になると、他者の意見がきわめて大きな意味を持ち、たとえ「他者」がデジタルインタフェースであっても同じです。この年齢層の子どもは、自分が無知で無能だと思われるようなゲームやアプリや機器は求めていません。始める前にすべてのルールを定めることで、子どもは上手に成し遂げるための準備が整っていると感じます。

しかし、作成するインタフェースに大量の説明が必要な場合は——たとえば、2〜3個の短文では足りない場合は——、おそらく複雑すぎて子どもにそっぽを向かれることになるでしょう。この年齢層の子どもはやっと読めるようになったばかりであり、説明文からエクスペリエンスがむずかしすぎる感じを受ければ、参加する意欲をなくします。

もちろん、最高のインタフェースとは説明がまったくあるいはほとんど要らず、子どもが説明文を読まなくてもどうすればいいかが理解できるものです。大人向けのデザインでもそうですが、理解しやすいエクスペリエンスを構築することが大切です。貧弱なインタフェースを補うために説明文を羅列したりしないでください。

子どもが独自のキャラクターをつくり、他者と協力してプレイできる仮想世界の『ポップトロピカ（Poptropica）』は、使い始めるためのサインアップのプロセスが非常にシンプルです（図6.2）。このプロセスは複数の下位ステップに分解されていますが、ユーザーはこれからどうすべきかを十分に理解するチャンスが与えられ、道筋を順にたどっていけばサインアップが完了します。大人はタスクを素早く移動したがりますが、6〜8歳児は正しくタスクを遂行することに深い関心があるため、明確に説明されたステップを豊富に用意する方が彼らには合っているのです。

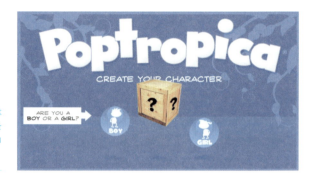

図6.2 『ポップトロピカ』は目で見て明確にわかる説明をおこない、子どもの登録プロセスを支援する。

これをレゴクリエイターの『ビルダーズアイランド(Builder's Island)』と比較してみましょう。『ビルダーズアイランド』は、仮想の世界で建物などをつくっている、知的興奮に満ちたゲームです（図6.3）。レゴは遊び方の指図をおこないません。つくろうとしている島の俯瞰図を示すだけです。インタフェースは平易ではありませんが、ゲームのなかで子どもを道案内する場面はほとんどありません。クリックして追加情報を手に入れられる場所すらありません。

サイトやアプリを使い始める前にすべてを把握しておきたがる6〜8歳児にとって、この点は少々問題になりそうです。いかにゲームの見た目がおもしろそうでも、自分が混乱したりまちがったりしそうだと感じれば、子どもの興味は高まりません。自分を達人だと思う8〜10歳児であれば、説明がなくてもおそらくひるまないでしょうが、6〜8歳児にとっては大きな試練です。この問題については、第7章「8〜10歳：″クールな″要素を」で掘り下げます。

図6.3 レゴクリエイターは、遊び方についての説明や情報提供をしない。6〜8歳児は落ち着かない気分になる。

保存、保管、共有、収集

子どもはかなり早い時期に「永続性」という概念を理解します。カウチの前にあったおもちゃをカウチの後ろに隠されても、いまは単に見えないだけでおもちゃは存在し続けているとわかるようになるのです。ただし、幼児の視点には連続性の概念が抜けています。連続性とは、親が部屋を出るときにカウチの後ろにあったおもちゃは、親が戻ったときも、いつものおもちゃ箱ではなくてカウチの後ろにあるということです。子どもは3歳頃にこの連続性の概念を理解しますが、6歳になるまではその概念を形のない考えや状況に当てはめることはできません。たとえば、4歳児は、テレビをつけたときに番組や映画が最初から始まるものだと思っています。もう少し上の年齢になると、前回どこでやめたかを覚えていてくれることを期待します。実際、少し上の年齢の子どもは、映画が前回中断したところから始まらないと不満を感じます。

では、この連続性をデジタル環境でどのように実現すればいいでしょうか。子どもがエクスペリエンスのなかで成し遂げたことを保存および保管し、次回はそこから簡単に再開できるようにするのです。『ウェブキンズ（Webkinz）』は、これを実に見事に達成しています。

仮想世界の『ウェブキンズ』のなかで、子どもはデジタルペットを集めて世話します（ペットにはオフラインの要素もあります。これについてはあとで少し触れます）。ペットの小屋を建て、調度品を置いて装飾を施し、好みに応じてペットを冒険に連れ出してゲームをしたり、コンテストで競ったりすることもできます。これとは別に、1日1回しかプレイできない「きょうのアクティビティ」があり、子どもはこのアクティビティを通じてご褒美と、ペット用品の購入に使える「キンズキャッシュ」を集めます。

『ウェブキンズ』で特筆すべきは、前回ログオフしたときの状況にユーザーを戻すことです。ユーザーが仮想ハウスの部屋のなかでログオフしたのならその同じ部屋に戻り、ゲームのなかでログオフしたのならそのゲームに戻ります。『ウェブキンズ』はまた、ペットの育て方でも連続性の概念を取り込んでいます。ユーザーがログオフしたときにペットが野球帽をかぶっていれば、あとで再びログインすると同じ野球帽をかぶっています。永続性のこの概念は、6〜8歳児にとってご褒美と心地よさの両方を与えてくれます。外界が次第に手に負えなくなっている気がするなかで、いつでも戻れる場所があり、前と変わらない状態であることが、子どもに心の安定をもたらすのです。

[NOTE ┃ 『ウェブキンズ』の歴史]
『ウェブキンズ』は、子ども向けの仮想世界として最も古く、最も優れたものの1つです。ぬいぐるみやコレクターズトイを主力とするカナダの玩具会社ガンズ社が、2005年4月に鳴り物入りでサイトを立ち上げました。競合社の増加により、同サイトのビジター数はここ数年減少傾向にあるとはいえ、それでも毎月300万人のユニーク・ビジター数を誇ります。2009年には、アメリカのニュース専門ウェブサイト『ビジネスインサイダー』が、『ウェブキンズ』の売上は毎年約7億5000万ドルにのぼると評価しました。

『ウェブキンズ』の「きょうのアクティビティ」も、永続性と連続性を後押ししています。1日1度の「ジェムハント（宝探し）」では、子どもは仮想の洞窟で宝物を探し集め、「不思議の国の王冠」を完成させていきます（図6.4）。1日1度しかアクセスできないという制限が、アクティビティへの渇望感を生み、宝探しという設定の主旨にも合っています。ただし、集めた宝物の確認には制限はなく、1日何度でも確認することができます。仮想のコレクションが貯まっていくというアイデアは子どもにとってきわめて魅力的で、その結果、1日あたりのビジター数が大きく伸びました。

『ウェブキンズ』が永続性と連続性を推進する方法はほかにもあります。仮想世界のペットと同じ全ラインのぬいぐるみを実世界で販売していることです。そもそも子どもがこのサイトで遊び始めるには、動物を1つ決め、エントリーコードを設定する必要があります。ぬいぐるみに付属したエントリーコードを使ってオンラインにサインアップすると、そのぬいぐるみの仮想空間での姿が画面に現れます。その姿でゲームをしたり、着せ替えをしたり、周囲と関わったりするのです。仮想空間のものと物理的につながるのは、特に6〜8歳児にとってとびきり愉快なことです。毎日必ずログインして、仮想世界に広がるコンセプトを楽しみます。子どもはぬいぐるみと仮想ペットの両方を集めることができ、独自のコミュニティを築きます。

[TIPS ┃ 実世界とのつながりでおもしろさ倍増]
6〜8歳児は、デジタル空間ですべきことの合図を物理的に出されるとたいへん喜びます。こうした仮想空間と物理世界を結びつける方法としては、ダウンロードして収集できる、印刷可能な証明書や、バッジ、賞状などがあります。

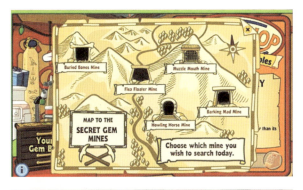

図6.4 『ウェブキンズ』は1日1回の宝探しで永続性と連続性を実現している。

ハイスコア

デジタル環境において、ハイスコアや到達度を保存し他者と共有することも、子どもの胸を躍らせます。進捗を目で確認できるだけでなく、何に向かって努力するのか、具体的なゴールが示されるからです。たとえば、スペリングゲームのなかで「100語を正しく書く」という目標を立てた場合、子どもは毎日一からやり直すのではなく、きのうの結果にきょうの成果を蓄積していけます。そして好きなときに自分の到達度を確認することができます。

　iOS用のテトリスに似た算数ゲーム『DigitZ』を見てみましょう。『DigitZ』の優れたところは、簡単なものから難解なものまで、これまで終えたどのレベルのスコアでもいつでも戻って確認できることです（図6.5）。実際に、ランディング画面の2つのアクションボタンも、ゲームをプレイする「プレイ」と、ハイスコアを確認する「スコア」が並んでいます。

　スコアをただちに表示できることで、子どもは自分の進歩を目で確認でき、ゲームそのもののパフォーマンスとフローが高められ、子どもの意欲が持続しやす

くなります。このようなゴールをゲームの冒頭部で明示し、何を目指しているのかが常に子どもにわかるようにしておくことは、子どもの意欲を維持してプレイを継続させるのに役立ちます。

図6.5 『DigitZ』では自分のスコアを簡単に確認できる。

共有

『ストーリーバード(Storybird)』のサイトはどの年齢層の子どもも楽しく遊べますが、特に6〜8歳児が喜ぶのは、彼らに発達し始めた物語づくりと演繹的推理の能力を駆使できる環境になっているからです。『ストーリーバード』には、安全で、しかも意味のあるやり方で子どもたちが物語を共有できる高度な技が組み込まれています。サイトによれば、「『ストーリーバード』は、画像を選んでそのなかの物語を"解き放つ"ことで、絵本づくりを逆にたどります」。子どもは、画像の巨大な貯蔵庫から一連の画像を選び、その画像をもとに話をつくります(図6.6)。

　学校では、児童はまず物語を「書き」、その骨格に合わせて絵を描くのが普通です。一方『ストーリーバード』は、このプロセスがひっくり返っています。画像をもとにアイデアを膨らませ、そこから話をつくるのです。

　『ストーリーバード』には、eコマースのコンポーネントもあります。親たちはわが子のつくった物語の印刷版を買うことができます。私はふだん、エクスペリエンスのなかで物を買わせようとする子ども向けサイトは好きではありませんが、この『ス

トーリーバード』で印刷される本の永続性と具体性はすばらしく、6〜8歳児にどっしりとした総合的なエクスペリエンスを与えてくれます。無料のサービスとして、子どもは書いた物語をサイトに投稿したり、ほかの子どもが投稿した物語を読むこともできます。

　物語の材料にする画像をいくつか選んだあとは、簡単で見てすぐわかるインタフェースに従って「書く」プロセスを通ります。その途中で、子どもは本が完成していく様子を確認できます（図6.7）。小さな子どもは文字の入力に親の助けが要るかもしれませんが、字が読めるようになった子どもならすぐに飛び込んで書き始められるでしょう。

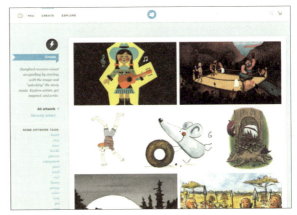

図6.6『ストーリーバード』ではコレクションのなかから画像を選び、その画像をもとに話をつくる。

図6.7『ストーリーバード』のすっきりしたインタフェースによって、創作に集中できる。

ルールに従ってプレイする

数年前、私は小学2年生の子どもたちに観察調査をおこなったことがあります。何人かのグループに分かれて遊ぶところを観察しました。おもちゃも本もない部屋に子どもたちを連れていき、私が書類仕事（の振り）をしている間、遊んでいてほしいと頼みました。グループのほとんどは、ロックバンドをプレイすることに決めました（どうやらこの若い世代にとっては、誰かの前で何かをするときはロックバンドになるようです）。この自由遊びのアクティビティで最も驚きだったのは、時間のほとんどを、実際に役柄を演じることではなく、役柄とルールの取り決めに費やしていたことです。まず、誰が誰に「なる」のかを決めなければなりません。小学2年生ぐらいの年頃でよく見られるように、1人がリーダーになって役柄を割り当て始めました。リーダーがある女の子にドラマーを指示したら、その女の子は「ドラマーなんていや。動物のお医者さんがいい」と言いました。

そこでゲームはいきなりストップしました。ロックバンドに獣医はそうそういないものですから。

子どもは7歳ぐらいになると、ルールに非常にこだわり始めます。世界がどれほど大きいのかがわかってきて、振る舞いや相互交流やコミュニケーションをつかさどるためのルールという概念が自分たちにとって心地よい存在だと理解するのです。どんなふうに遊んで、しゃべって、振る舞うべきかを事細かに決めようとします。そして、自分と同じ社会集団に属する他者にも同じルールを当てはめます。

これは、仮想環境をデザインする際に心しておかなければならないことです。子どもがルール好きなのは私たちも知っていますが、ルールの束縛が強くなりすぎたとき、あるいは守れないほどむずかしいときに、子どもは別の方策を見つけ出そうとします。コツは、わかりやすくて守りやすいルールを明快につくり上げることと、子どもが自分で工夫できる柔軟性も確保しておくことです。具体的な目標のあるゲームの場合は比較的簡単に達成できますが、探索や自己表現の色合いの環境ではかなりむずかしくなります。

『クラブペンギン（Club Penguin）』のデザイナーがどうしているか見てみましょう。『クラブペンギン』は、子どもと大人を対象とした仮想世界です（図6.8）。ペンギンのアバターをつくって、北極の仮想世界を動き回り、そこでゲームやチャットやイグルー［氷のブロックを重ねてつくったドーム型住居］づくりを楽しみます。『クラブペンギン』のクリエイターたちは、堅牢だけれども柔軟性に富んだルールをつくり、

子ども（と親）が気持ちよくインタフェースをたどれるようにしました。

図6.8 ┃『クラブペンギン』のルールは簡単であり、柔軟性も備えている。

ルールは心地よい雰囲気をつくるが、邪魔にもなる

昨年、ユーザビリティテストをおこなったときのこと。7歳のジョージーは浮かぬ様子で、質問にも一言でしか答えず、リサーチ中のアプリも楽しんでいないようでした。どうかしたの？と尋ねたら、彼女は「新しい靴に泥がついちゃった」と答えました。靴を見せてもらったら、たしかに白い靴に茶色い筋ができていました。親になったばかりだった私は、バッグに赤ちゃん用お尻拭きを山ほど持っていたので、1つ取り出して不快な泥の筋を拭きました。ジョージーの頬に明るさが戻り、いきなりiPadのゲームに熱中し始めました。

「あなたの靴がきれいになってうれしいわ、ジョージー」、私は言いました。「靴がよごれてたら、ママは怒ったかな？」 ジョージーの母親は私の同僚でした。彼女はこのとき、廊下で他の参加者の親たちとコーヒーを飲んでいました。理性的で、子どもの教育に熱心な親に見えましたが、そうはいっても、人の気質など簡単にわかるものではありません（その後、彼女と仲よくなり、ここに例として挙げる許可をもらいました）。

ジョージーは、何を馬鹿なことを、という目で私を見ました。「まさか。

ママは靴はよごれるのがあたりまえだって言うわ。でもあたしがいやだったの」。

　ジョージーは、自分がどう振る舞うべきかという指針を心のなかにつくっていました。新しい靴はきれいでなければいけない、というのも明らかにその指針の1つだったのです。子ども向けの環境をデザインすると、子どもはあなたのつくったルールをそっくりそのまま守ろうとします。ですから、ルールには柔軟性を持たせ、ある程度の解釈の幅を残しておくべきなのです。

『クラブペンギン』のルールですばらしいのは、重大な事項も扱いつつ、無料プレイをサポートし、安全さとコミュニティの利益を考えてつくられているところです。参加を申し込めば、子どもも親も、大いに楽しみながら空間内で居心地よく過ごし、自分でコントロールしていけます。ペンギン同士がハイタッチしている画像からも、クリエイターが伝えようとしているコミュニティの性格がよくわかります。

　柔軟性のあるルールというコンセプトは、これまで論じてきたこと——明快で具体的な指示を用意すべき——と相容れないように聞こえるかもしれませんが、ルールはインタフェース全体に大局的な構造をもたらすものであり、指示は個々のコンポーネントの使用説明という違いがあります。ルールには弾力性が求められ、解釈の余地を残す必要がある一方、指示には進行をうまく導く詳細さが求められます。

　ところで、ロックバンドはどうなったでしょうか？　あのおしゃまなリーダーは、ミュージシャンのなかに獣医がいるという事態に困惑しつつも、どうにか妥協案を編み出しました。「じゃあ……あなたは動物のお医者さんのドラマーね！」　獣医になりたがった女の子はハッピー、リーダーもハッピー、ほかの子たちも、動物のお医者さんとドラマーの両方になれるとわかってほっとしていました。

[TIPS｜ルールのつくり方]
サイトやアプリのためにつくるルールは、大人の通訳がほとんどあるいはまったくなくても子どもが理解できるように明快で簡潔にしてください。たとえば、「えとことばをつかって、たのしいおはなしをつくりましょう」はいいルールの例です。「おはなしのなかでいじわるをしたり、ひとがいやなきもちになるわるぐちやきたないことばをつかったりしてはいけません」は構成に問題のあるルールの例です。

バッジは必要

6〜8歳児は何かを集めるのが大好きです。私の弟は7歳の頃、ホテルの小さい石鹸を集め始めました。家族旅行に出かけるたび、浴室の石鹸をティッシュに包み、自分の洗面道具入れに丁寧にしまい込みました。彼にとって石鹸は単に旅行の思い出というだけでなく、パスポートのスタンプにも似た、自分がたしかにその場所にいた「証拠」を蓄積するためのものだったのです。この種の収集は、デジタル空間においても子どもにも大人にも重要な意味があります。

収集が行動修正［訓練を通じて「望ましい行動」または「望ましくない行動」の強化や弱化を図ること］に及ぼす影響について考えてみましょう。望ましい行動——運動、禁煙、減量など——をとるたびに報酬が与えられるとすれば、人がその行動を続ける可能性は高くなるでしょう。これは子どもにも当てはまります。ある行動と望ましい結果の間が結びつけば、その行動が促されます。デザイナーが、インタフェースのなかで子どもに特定の行動をとらせたいのなら、そこにクールな何かを用意すべきです。この、行動−報酬の体系が「ゲーミフィケーション」の基礎です。

残念ながら今日では、デザイナーが「ゲーミフィケーション」という用語を口にするとき、そこには軽蔑の響きが込められるようになってしまいました。薄っぺらい表彰式、何の変哲もない行動への大げさで意味のない称賛、ソーシャルネットワークで共有するくだらないマイルストーンなど、負のイメージを呼び起こすからです。しかし子ども向けのデザインの場合には、ゲーミフィケーションのコンセプトは非常に強力です。子どもがオンラインでおこなったクールなことすべての証しだからです。

幸い、こうした報酬のデザインはあまりむずかしくありません。まず、デザインするエクスペリエンスのなかで報酬を与えたい振る舞いを特定します。次に、子どもがその振る舞いを蓄積するための簡単な方法を決めます。

お金に関する基礎知識を子どもに教える『プラネットオレンジ（Planet Orange）』

の開発に携わっていた頃、私たちはサイトの全アクティビティを完了したいと思わせるような何かを組み込みたいと考えました。その"プラネット"の大陸ごとにプロジェクトがあるのですが、そのプロジェクトを子どもが終了したときに与えるバッジのシリーズをつくりました（図6.9）。さらに、到達を祝して部屋に飾れる表彰状も印刷できるようにしました。

　発想自体は正しい原則にもとづいていたものの、残念ながら、報酬モデルを複雑にしすぎました。このサイトはお金に関するものだったので、バッジだけでなく込み入った通貨体系を取り込み、子どもが宇宙ステーションの用品や飛行士のアバターを買うのに使える「お金」を稼げるようにしたのです（図6.10）。問題は、バッジを勝ち取る行動とお金を稼ぐ行動を同じにしたことでした。バッジとお金（"o-bux"という呼び名です）の重要性を同じ程度に薄めたため、サイトのアクティビティの価値が下がってしまいました。この経験で得た教訓は、「似たような行動への報酬が多すぎると、報酬構造の意味がなくなる」ということです。アイテムの収集は学習を促す効果的な方法ですが、これが当てはまるのは、学習する内容を強化するものを収集する場合だけです。

　ポイント：バッジや賞品は子どもにとって魅力的で、サイトの利用の促進に効果があります。ただし、与える賞品は、正しい方法での正しい行動を後押しするものにしてください。

図6.9『プラネットオレンジ』では、アクティビティを完了するとバッジがもらえる。

図6.10『プラネットオレンジ』では、同じアクティビティの完了に対してお金ももらえる。

見知らぬ人は怖ろしい

子どもが4歳になるまでは、知らない人と話す危険性についてうるさいほどに注意されます。彼らの多くは、知らない人に話しかけるどころか、知らない人が近くにいるかもしれないと思うだけでひどく恐がります。この不安感は、子どもが成長して外界の仕組みについてもわかるようになるにつれ強まっていきます。しかし、実世界で見知らぬ人に遭遇することへのいわば健全な恐怖が、デジタル空間では、見知らぬ人という概念そのものが桁外れの恐怖の対象になりえます。デジタル空間では、相手が普通の子どもに見えたとしても、実際にはどこの誰ともわからない危険人物のおそれがあります。オンラインで交流している相手が8歳なのか80歳なのかを知る方法はありませんし、コントロールする力も知識もないことは子どもにとって本当に恐いことです。この「見知らぬ人は怖ろしい」という恐怖は、子どもを対象としてデザインする場合に十分に配慮しなければなりません。なぜなら、社会性の部分がエクスペリエンスで大きな割合を占めていると、子どもは尻込みする可能性が高くなるからです。

テクノロジーの力が進歩を続けるなか、多くの企業が、単に技術的に可能だからという理由で、子どものエクスペリエンスに社会性の要素を注入しようとしています。他者と協調した学習や探索が子どもに効果的に働くのは事実ですが、ただしこれは、協調が匿名のもとでおこなわれる場合だけです。ほとんどの子どもにとって、「社会性」とは廊下で会って友だちに挨拶することであって、オンラインで相互交流することではありません。

子どもを惹きつける仕組みをオンラインに設けることは可能ですが、それには慎重な配慮をもって臨まなければなりません。たとえば、『クラブペンギン』のように、相互交流の周りにしっかりとしたルールを整備することは、子どもと親により大きな安心感を与える効果があります。子どもが互いに送り合えるように、「缶詰にした(定型の)」メッセージ文を用意しておき、自由度の低い(その分、安全性の高い)コミュニケーションを促す方法もあります。

『ウェブキンズ』のクリエイターたちは、「缶詰にしたチャット」でも優れた成果を挙げています(図6.11)。子どもは、あらかじめ用意されたトピックと定型のメッセージ文のなかからどれかを選びます。仮想世界の他の住人とやり取りするこのコミュニケーションは「キンズチャット」と呼ばれます。

図6.11 ║『ウェブキンズ』では、子どもがメッセージをやり取りできる。ただし定型チャットのみ。

『ウェブキンズ』のなかで自由にメッセージを入力することはできません。この制約によって、強引で不適切な相互交流を排除しています。こうした構造には、見知らぬ人に話しかけられることを心配せずに、対話環境を安心して楽しめる利点があります。

　『クラブペンギン』もそうですが、相互交流のレベルを親に選ばせるサイトもあります。わが子にとって望ましいと思うレベルを親が決めるのです。こうする理由の一部は、COPPA［児童オンラインプライバシー保護法。アメリカで2000年に施行］の規定があるからですが（章末のリネット・アテイのインタビュー記事参照）、その根底には、子どもの安心感に配慮しようとするデザイナーの意識があります。『クラブペンギン』のレベルには、まったくチャットを認めないものから、完全に自由にメッセージを送れるものまで、複数の段階が用意されています。6～8歳児は中ほどのレベル、すなわち、あらかじめ用意されたメッセージの枠内でのコミュニケーションを好む傾向にあります。

「缶詰」チャットをデザインする

「缶詰にした（定型の）」チャットのエクスペリエンスをデザインする場合、子どものさまざまな関心事に対応できるように豊富なトピックを用意してください。ただし、迷ってしまうほど豊富すぎてもいけません。また、子どもがすぐ覚えられる簡単な言いまわしを使うようにしましょう。単語も文章も簡単で短いものにし、デザインしているエクスペリエンスに合った雰囲気を持たせます。

　「缶詰」チャットの効果的な使い方として、子どもが互いに問いかける可能性のある質問群と、子どもが返事に使う適切な答えを作成しておくことが挙げられま

す。たとえば、「あなたの好きな動物は何?」と質問することは、子どもが不安を感じずにオンラインの会話を始め、コミュニケーションそのものに心地よさを感じ、自分たちの情報を共有するのにうってつけの方法です。この質問に対する答えは、無難なものから奇抜なものまでさまざまに用意し、子どもが自己表現のおもしろさを感じられるようにします。たとえば、「猫」「犬」「猿」「象」「マンモス」などは、幅があっていい返答群といえるでしょう。子どもは選択肢が多すぎると混乱しますから、質問それぞれに対して返答群は5個以内に制限しましょう。

　一般的なメッセージを十分な幅をもって常に用意できるとは限らないかもしれません。このため、コンテキストに合ったメッセージの種類を複数用意するとよいでしょう。たとえば、エクスペリエンスで子どもがゲームをプレイしているときに、「ナイスショット!」とか「そのちょうし!」とか「もういちどやってみよう!」という具合にメッセージを表示するのです。何かをつくったり組み立てたりする場面では、「いいかんがえだね!」「じょうずなえだね!」「クールなもようだね!」などと互いにコメントし合えるようにします。6～8歳児の場合は、否定的なメッセージはもちろん、中庸の意味のメッセージ（「悪くはないね」のような）もなるべく避けます。子どもは意味を解釈する能力がまだ十分に発達していないからです。コンテキストや裏の意味も汲み取れるほど成長したあとなら、もっと多層的なメッセージを織り込めるようになるでしょう。

匿名性

自由なチャットのコミュニケーションには、子どもの安心感以外にも問題があります。大人も含めてあらゆる年齢層にとって魅惑的な「匿名性」です。考えてみてください。思ったことを何でも誰に対しても言うことができ、しかも誰からもあなただと気づかれない状況があるとしたら、何を言いたいですか？　匿名という隠れ蓑のもとでは大人ですら自分をコントロールするのはむずかしいのですから、子どもにとってはなおさらです。特に子どもは、毎日のように下品な言葉を覚えるものです。さらに、「インターネットの捕食者(プレデター)」という言葉も生まれています。本物の捕食者がデジタル世界で子どもに近づくことはそうそうありませんが、気味の悪いことを言いながらうろつくおかしな輩(やから)はたくさんいます。そういった危ない人物があなたのエクスペリエンスのなかに潜り込む危険は、できるだけ小さくしなければなりません。

　1年ほど前、ある記事を探索するために『バービーガールズ』のサイトに入会し

たことがあります（このサイトはその後閉鎖されました）。最も「自由度の高い」アカウントを申し込んだため、そのアカウントでは自由書式のメッセージを読むことも書くこともできました。入会したとたん、別の「女の子」が近づいてきて、「どんな格好をしているの」とか、「誰と一緒にいるの」など、非常にきわどい質問をし始めました。私はその人物がどのくらいであきらめるかを見たくてしばらく相手をしましたが、最終的にサイトの監視人に彼女（彼?）を報告したところ、彼女（彼?）はただちにブロックされました。私は大人ですから、おかしな人物の存在にすぐに気づいて報告できましたが、8歳の子ども──人に好かれたくてたまらない時期──なら、すぐに拒絶したりはできないはずです。

　安全かつ望ましい雰囲気のなかでコミュニケーションを促進する方法としてほかに、「缶詰チャット」や「ステッカー」やバッジを使って、自分でつくったものを投稿したり他の子どもの作品にコメントしたりできるようにすることが挙げられます。6〜8歳児は自分を表現することも自分の気持ちやアイデアを他者と共有することも大好きですから、たとえハイスコアを掲示するだけの単純なことであっても、そのための流通経路を用意するのはいい方法です。

［親もユーザー］
子ども向けのエクスペリエンスをデザインする場合は常に、親を対象としたセクションを別に設けるべきです。コミュニケーションツールを使わず、個人情報の収集もおこなわないとしても、やはり親および大人には、環境について多少でも知らせておきましょう（ゴールは何か、子どもに何を得てほしいか、などについて）。親は、サイトやアプリの目的が何で、どう使うかがわかれば、わが子に使わせたりダウンロードさせたりする可能性が高くなります。親にはさらに、子どもがエクスペリエンスからなるべく多くを習得できるように手助けする役割を果たしてもらいます。たとえば、大人向けに便利なツールやヒントを用意しておけば、サイトを気に入って子どもに勧めてくれるかもしれません。

章のチェックリスト

6〜8歳児向けにデザインするチャンスが来たら、ぜひ引き受けるようにお勧めします。非常に楽しい経験になりますし、鋭い感覚を持つこの年齢層を顧客にすることで学ぶことも多いはずです。デザインに臨む前に、以下のチェックリストを確認してください。

あなたのデザインは以下の点に対応していますか？

- ☐ 機能が進歩し、レベルアップしていきますか？
- ☐ エクスペリエンスのゴールと目的を最初に明示していますか？
- ☐ 子どもは自分の進み具合を保存し保管し共有できますか？
- ☐ 明快で簡単なルールセットを用意していますか？
  - さらに、ルールを説明したり拡張したりする場を設けていますか？
- ☐ 子どもはバッジや何らかの賞品を獲得および収集できますか？
- ☐ 社会性をもった相互交流ではなく、自己表現を重視していますか？

おもしろいことに、態度や振る舞いの面では、6〜8歳児は8〜10歳児よりもむしろ10〜12歳児に近い特性があります。次の章では、8〜10歳児向けのデザインに進みます。彼らがこの年齢層独特の感性をどう表現するかについて見ていきましょう。

リサーチのケーススタディ：アンディ、6歳

好きなアプリ：『メガラン』
アンディは、遊びのために両親からスマホを貸してもらえることはあまりありませんが、借りられた場合には、ユーチューブの動画を見るか、『メガラン（Mega Run）』をプレイします。「すごくクール。じゃまなものをよけて走ったりジャンプしたり登ったり。動物や丸太の上も跳び越えるんだよ」。『メガラン』には物語というものはあまりありません――小さいモンスターが誘拐された兄妹を救出に向かうだけ――が、アンディは典型的な6歳児のとおり、物語はほとんど無視して、ひたすらゲーム自体の技巧をきわめることに集中しています。

『メガラン』のどこが一番すごいかを尋ねたところ、彼はこう答えました。「自分の"人"を選べるところ。ポイントを集めたら、ほかの"人"に変えることもできるよ。ぼくは青いペンギンが好き」。もう少し詳しく話を聞くと、ユーザーがポイントを貯めてプレイヤーを変えられる意味だとわかりました。アンディにゲームの様子を見せてもらいました。1つのラウンドが終わると、さまざまなキャラクターの並ぶ画面を開くことができ、それぞれに獲得に必要なポイント数が示され、一部のキャラクターには鍵のアイコンがついていました。

「もう10人いるんだよ。あと3人ほしいな。もっとポイントを貯めなくちゃ。いつも"人"をゲットできるわけじゃないけど、ゲットできたら、その"人"が画面に出るんだ。そのあと違うボタンを押すとね、全部の"人"が現れるんだよ。あ、でも、ポイントの足りない"人"はだめだけど。新しい"人"を選ぶと、その分、自分のポイントが減るんだよ」。アンディは実に見事にアプリの仕組み――仮想通貨とレベルアップ――を説明してくれました（図6.12）。彼がこれまで集めたキャラクターを私に全部見せ、キャラクターを変えたくなったときにどうやって切り替えるのか、そのやり方も教えてくれました。

アンディはゲームのプレイそのものが好きでしたが、獲得したポイントとキャラクターを語るとき、そこには誇りがあふれていました。ほとんどの6〜8歳児がそうであるように、アンディもキャラクターの活躍が好きで

した。ゲーム内で自分ががんばったことの現れであると知っているからです。

　アンディとのインタビューで浮かび上がった重要なテーマは、進歩、達成、成果、収集などです。このゲームのエクスペリエンスがすばらしいのは、ゲームが与えてくれる困難をアンディが楽しんでいて、そこに収集とレベルアップが上手に織り込まれているからです。

図6.12‖『メガラン』では、ポイントを新しいキャラクターと交換してレベルアップできる。

INDUSTRY INTERVIEW

リネット・アテイ（プレイウェル社 会長兼創業者）

LINNETTE ATTAI

リネット・アテイは、メディアおよびマーケティングのコンプライアンスの専門家であり、広告、マーケティング、コンテンツ、プライバシー、安全性、倫理面など、さまざまな分野に関わる規制環境および自主規制環境についての高度な知識を備えています。2000年以降、特に熱心に取り組んでいるのは、数十億ドル規模にのぼる子ども向けエンターテインメントの業界です。子どもおよび十代の少年少女向けにコンテンツの制作やマーケティングをおこなっているデジタル、モバイル、消費財、食品、映画、玩具、ビデオゲーム、テレビ番組等の会社には、特別な配慮が求められています。

リネットが創業したプレイウェル社は、デジタルおよびモバイルのプライバシーや安全性など、メディアおよびマーケティング関連のコンプライアンスについて顧客を指導するコンサルティング会社です。彼女はまた、iKeepSafe［インターネットの安全な使い方を子どもたちに教えるためにつくられたサイト］のコンプライアンス・アドバイザーも務めています。

プレイウェル社の前は、ニコロデオン社のスタンダード＆プラクティスの統括責任者、およびCBSのコンプライアンスを担当していました。

著者デブラ・レヴィン・ゲルマン（以下DLG）：非常に手強く複雑そうに思える分野——政府による規制——に専門的な知識をお持ちですね。アメリカのデザイナーと開発者が、子ども向けにサイトやアプリを制作する際に特に留意すべき点を挙げてくださいますか。

リネット・アテイ（以下LA）：真っ先に言いたいのは、どういう種類であれ何らかのデータを子どもから集めようとするのなら、法律を熟知した専門家に相談する必要があるということです——開発に着手する前に。法律のもとで「個人情報」と見なされるものはたくさんあります。もしあなたが初期の骨格をデザインする間にこのことに気づいて対処できれば、あとになって追加で押し込もうとするより、はるかに簡単に済みます。すでにでき上がっているサイトを、プライバシーの要件に適うようにつくり直すことは非常にむずかしいでしょう。プロジェクトの最初の時点で、子どもから情報を集めることになるとわかっているのであれば、何が起きるかを把握しておく必要があります。安全策を講じないままプロダクトを構築してしまうと、技術上の決定を多数下したあとで、冒頭に戻って手直しをしなければならなくなります。多くの開発者がやり直しのために多くの時間と資金と資源を割

いた挙げ句、最終的なプロダクトは当初のゴールとかけ離れ、誰もハッピーでない状況に陥った事例を数多く見てきました。私にコンサルティングの依頼が届いたときに、すでにデザインがコーディングされていると、状況によっては、そのデザインと実装の魅力を薄めるような解決策を提示するしか方法がないこともあります。

アイデアを具体的なデザインと開発に押し進める前に、必ずコンプライアンス担当者と打ち合わせてください。

DLG：COPPA（児童オンラインプライバシー保護法）が先日、改正されましたね。今回の改正の狙いと、子ども向けのデザインに携わる人たちへの影響を教えてください。

LA：COPPAの改正案が2013年7月1日に正式に承認され、発効しました。すべての子ども向けサイトが準拠しなければなりません。今回改正された部分で特に重要なのは、個人情報の定義が変わったことです。名前や住所や電話番号といった文字データだけでなく、改定では地理位置情報のほか、子どもの画像や声を含んだ写真、動画、音声ファイルも規制の対象になりました。ユーザーが作成した写真や動画、音声の形式のコンテンツを収集するのであれば、親の同意を得なければなりません。こうした変更点が発効する以前に子どもがすでにアップロードしていた媒体の扱いについては、いまも当局の決定を待っているところです。新しい法律の対象から除外されるのか、それとも、サイト側が過去にさかのぼって既存資産についても親の同意を得なければならないのか、どう転ぶかわかり

アイデアを具体的なデザインと開発に押し進める前に、必ずコンプライアンス担当者と打ち合わせを

ません。

もう1つの大きな変更点は、ユーザーの永続的識別子（UDIDやIPアドレス）が、分析目的の場合を除き、個人情報として扱われるようになったことです。こうした識別子を使って子どものユーザーを行動ターゲティングのために長時間追跡する場合にも、親の同意が求められます。

ほかにも多数の変更がなされました。プラグインとアドネットワークも、そのコンテンツあるいは機能が子ども用サイトらしい体裁をしている、あるいは子ども用サイトからアクセスできる場合には、法令に従わなければなりません。順守しているかどうか、全員が確認すべきです。

テクノロジーの変化がデータ収集にどう影響するかについても意識しておくことが大切です。新しいテクノロジーがどんな姿で現れるかは予測がむずかしいですが、データ収集の可能性がもっと膨らむことはまちがいないでしょう。将来の新しいプラットフォームとテクノロジーの開発にいま携わっている人は、現在のルールを確認し、そのルールを新しいプラットフォームに適用し、将来的にもルールを順守できる可能性を高めておくようお勧めします。

DLG：アドネットワークについて言及されましたね。COPPAの今回の改定がオンライン上の子どもに向けた広告にどのように影

響するでしょうか？

LA：子どもは、広告がオンラインのプライバシーにどんな結果を生むか、認識する力がありません。次に来るプラットフォームがどのようなものであれ、現在持っているコンプライアンスに関する知識のすべてを注ぎ込んでください。現在の要件が何か、現在開発しているものがその要件を満たしているかどうかを必ず確認してください。子どもには特別な保護が必要です。企業にはユーザーに対する責任があります。当社の仕事は、子どもを私たち大人自身から保護することだと言ってもいいくらいです。

　子どもと親の信頼を得ることはきわめて大切です。決して裏切ってはいけません。

DLG：サイトとアプリのオーナーは、"ネットいじめ"の解消にどのような責任があるでしょうか？ デザイナーや開発者は、オンラインのソーシャル環境のネットいじめを予測したり防止したりするうえでどのように関わることができますか？

LA：子ども向けのプロダクトをデザインしていて、そこに社会性の特長を盛り込むつもりなら、ネットいじめの存在を意識し、あらかじめ対処しておく必要があります。主なステップは次の3つです。

1. あなたのサイトで受け入れられる行動、受け入れられない行動について、教育し、FAQ（よくある質問）を用意し、ルールを定めます。定めたルールを実施します。

2. 安全策を講じます。子ども同士の言葉の交わし方に責任を負うのはデザイナーであるあなたです。フィルターやディクショナリ、缶詰チャットなどのツールを整備してください。誰かに不快な思いをさせられたときに、子どもがすぐにボタンを押して報告できるように、そのための仕組みを多数構築しておきます。

3. 観察し、管理します。子どもが管理から外れてサイトを1人で歩き回ることのないようにします。すべての会話をサイトに表示する前に調べたり、サイトに管理者的立場の者を常駐させたりする方法があります。問題が起きたら即座に行動し、割って入り、解決を図らなければなりません。新しいサイトの立ち上げでは特にこれが重要です。新しいサイトでは子どもがどのように振る舞うかがよくわからないからです。たとえば、サイトの呼び物がソーシャルゲームにあるのなら、サイト内に競争の場をつくって自分より弱い者を見下す子どもが出てくるかもしれません。デザイナーは、こうした子どもが出現して、サイトの本来の意図とはまったく違う使われ方をする可能性を予測しておかなければならないのです。サイトのコミュニティを設けたら、望ましい形になるように肉づけしていく必要があります。子どもに任せておいてはいけません。さらに、サイトのルールを子どもに教え、実施していく責任もあります。

　特に注意を促したいのは、大人のユーザーにはこうした安全策を普通は講じませんから、年齢を偽って、子ども向けではないフェイスブックやその他のサイトに潜り込んだ子どもが安全ではないエクスペリエンスに触れてしまうおそれがあることです。

私たち大人は、オンラインの安全について、早くから——子どもが3、4歳の頃から——何度も何度も教育していかなければなりません。

DLG：「正しく」運営しているサイトやアプリの大きな特徴は何でしょう？

LA：適切なレベルで親に関与させること、サイトの管理者に問題を報告したり相談したりする方法をさまざまに用意しておくこと、そして、プライバシーとネットいじめの問題に企業が対策を講じていることだと思います。

　デザイナーと開発者にとって非常に重要なのは、サイトに問題が生じたときに、状況に対処して調整を施すことです。サイトの立ち上げ直後には特に迅速な対応が求められます。どれほど安全策を設けていても、子どもは抜け道を見つけるからです。子どもは境界を押し広げ、危険に手を出し、行動基準に疑問を感じるものなのです。

DLG：親のオプトイン（事前許可）についてお話をうかがえますか？　これがなぜ重要なのでしょう？　親の同意があれば、オンラインでの子どものプライバシーを十分守れるとお考えですか？　それとも、COPPAの最低限の要件といった程度でしょうか？

LA：親のオプトインは、13歳未満の子どもの個人情報を収集する場合には必須です。親の同意が適切かどうかを調べる方法も法律で定められています。親のクレジットカード番号か社会保障番号、あるいは親が署名してファクスで返信するための書式——これらはどれも受け入れ可能な方法と

どれほど安全策を設けていても、子どもは抜け道を見つける

して政府から認められています。

DLG：電子メールでの親のオプトインはどうですか？　もう十分とは言えませんか？

LA：電子メールでの親のオプトインは、サイト内部で使用する目的でデータを収集する場合にかぎり認められます。ですが、データを他と共有したりどこかに送ったりする場合には、電子メール以外のオプトインが必要です。

DLG：サイトやアプリがCOPPAに準拠していない場合はどうなりますか？

LA：けっこう重大な事態ですよ。FTC（連邦取引委員会）が指導に乗り出します。違反の性質とその企業の財務状況に応じて異なりますが、だいたい高くて300万ドル、低くて5万ドルの罰金が科されます。

　FTCはさらに、法律ができた時点にさかのぼり、それ以降に企業が収集したデータを削除させます。責任者が逮捕されて、法律施行以降のデータがなくなるうえ、サイトの運営自体が根本から危うくなります。

　また、そのサイトは onguard.online.gov へのリンクを載せなければならなくなります。これはオンラインのプライバシーに関して消費者を教育するためのサイトです。法律違反が見つかったサイトは、5年間、このサイトへのリンクを明示しなければな

りません。

　さらに、コンプライアンスに関してスタッフを訓練するための人材を雇い入れ、向こう20年間、順守しているかどうかの監査を受けなければなりません。これはビジネスの息の根を止めかねない措置ですね。だからこそ、開発者とデザイナーは製作に入る前に専門家の話をよく聞くことが大切なのです。加えて、こうした措置は公開され、親たちもメディアもその違反を知ることになります。つまり、信用と信頼を全面的に失うことになります。信頼を取り戻し、コミュニティを再構築するには、途方もない困難が伴うでしょう。

　この法律を意図的に破った人を私は知りません。不注意だったり、適切なトレーニングを受けていなかったり、丁寧な監査がおこなわれていなかったりする理由によるものばかりです。新しい機能を追加したり、デザインをし直したりする場合には必ず、変更について専門家に相談してください。長い目で見れば、それがあなたの資産を守る道です。

ハドソン、8歳

第7章

8〜10歳：
「クール」な要素を
THE "COOL" FACTOR

どういう子ども？	120
自分は大丈夫	120
説明は失敗のあとで	121
複雑さを上げる	124
広告はコンテンツではない	126
ユーザー名"うんちあたま"、 　大いにけっこう	128
信頼の問題	131
人をいやな気持ちにさせないなら嘘もOK	133
章のチェックリスト	139
リサーチのケーススタディ：アイリス、9歳	140

「仕組みを知っていたって、魔法であることに変わりはない。」

―― テリー・プラチェット（イギリスの小説家）

8歳ぐらいになると、子どもは認知能力、自信、独立心の面で大きく変わります。もはや小さい子どもではなく、親にも教師にも依存しようとしなくなります。それどころか、大人よりも大人らしい振る舞いを見せることすらあります。自分の行動が招く結果を正確に理解し始め、ルールを守らずにプレイしても世界が終わるわけではないと気づきます。この感覚は、ティーンエイジャー前の子どもの心を解き放ちます。10〜12歳ぐらいでは不安定さが再び強くなるのですが、8〜10歳児にとって世界は自分のものなのです。

どういう子ども？

8〜10歳の子どもはかなり複雑です。好きな分野に関しては通(つう)だと思われたがり、その一方で、"びっくりさせる"ことが大好きで、わざとくだらないことや気持ち悪いことや小憎らしいことをおこないます。6〜8歳児に比べると、他人からどう思われるかをあまり気にしません。表7.1に、8〜10歳児の特徴についてまとめました。

自分は大丈夫

こうした自信や知識の増大は、8〜10歳児の無敵感につながります。オンラインの世界をたいして恐がらないのは、物心ついてからずっとプレイしてきた心地よい場所だからです。この無敵感と、自我の目覚めが合わさることで、サイトは簡単には管理できない危険な場所になるおそれがあります。8歳ぐらいの子どもがソーシャルメディアのサイトやアプリにアクセスし、見ず知らずの誰かに「友だち申請」される事態は十分に考えられます。デザイナーは、たとえ大人向けのサイトをデザインする場合でも、年若いユーザーが紛れ込んだ場合に備えて配慮しておく責任があり、この責任は年々大きくなっています。8〜10歳児向けのデザインでは、この点が最も重要かもしれません。

　では、表7.1に挙げた特徴と、それが8〜10歳児向けのデザインにどう影響するのかを見ていきましょう。

□ 表7.1 ‖ 8〜10歳児で留意すべきこと

8〜10歳児の行動	その意味	対応
名人になりたがる	操作説明を読まず、いきなり開始する	あらかじめ指示するのではなく失敗したあとでメッセージを表示する
問題解決のために複数の面を考慮できる	考えさせられるような、むずかしく込み入ったインタフェースを好む	ある程度複雑にするが、解けないほどむずかしくはしない
広告と実際のコンテンツを区別できる	広告をきらい、信用しなくなる。広告が大きすぎたり回数が多かったりすると、子どもはエクスペリエンスそのものを見捨てる可能性がある	広告とコンテンツを、見た目ではっきり区別する
大人が何でも答えられるわけではないと気づき始める	ルールやアイデアや指示に逆らうことで、自分が強くなった気がする	ばかばかしいことに巻き込む。白黒はっきりさせるのではなく、あいまいなニュアンスを大切にする
人間関係を結ぶスキルに自信があり、見知らぬ人とオンラインで接することへの恐怖心が少なくなる	知っている人だけでなく、知らない人とでもオンラインで気楽にチャットできる	社会性に関する要素の組み込みにはきわめて慎重に臨む。無害そうに見えても、子どもはそこに大人の思いもよらぬ道を見つける
オンラインでは嘘をついてもばれないことに気づいた	反道徳的なことのスリルを味わうために、オンラインで自分に関して嘘をつく。通常は年齢についてだが、ほかの嘘のこともある	ユーザー個人の属性に重きを置かず、自己表現や達成感を重視する。年齢によって入り口を分ける必要がある場合は、親のオプトインを通じて人口統計学的情報を取得する

説明は失敗のあとで

「失敗」はここで使う言葉として適切ではないかもしれませんが、子どもはインタフェースを習得するための最初の何回かの試みをこう感じるでしょう。6〜8歳児とは違って、8〜10歳児は何かを始める前に説明書きを探して読んだりはしないため、最初のうちはうまく実行できないことも多々あります。6歳児ならおそらく、適切な指示がなければ何かにトライしようとしませんが、9歳児はインタフェースを品定めし、自分の時間を使うに値するかどうかを見きわめ、値すると判断すればすぐに飛び込みます。ここに――つまり、子どもが最初に失敗したあとに――指導の大きなチャンスがあります。

この年齢層の子どもには、確認メッセージとエラーメッセージを使って段階的に操作指示を出していくのが非常に効果的です。ほとんどの子ども向けサイトはこうなっていませんが、子どもは開始前に指示を読まないのですから、フォローアップの指示を出すべきなのです。

　私は数年前、ペパリッジファームの『ゴールドフィッシュ・ファン(Goldfish Fun)』サイトのリサーチを実施したことがあります。このサイトは事前説明は手厚いのですが、フォローアップのメッセージをあまり使っていませんでした。私の担当した9歳の子どもたちは、ゲームを開くなり指示は無視してプレイし始めました。やり方を尋ねてみると、彼らのほとんどは「やさしそうだもん。遊んでるうちにわかる」とか「おれ、こういうゲームうまいから」と答えます。思ったようにうまくゲームが進まないときには、がっかりしてヘルプを探す者がいる一方で、何人かはそのゲームをさっさとやめて別のゲームに移りました。

　結局、子どもたちは『ゴールドフィッシュ・ファンのカタパルトカオス(Goldfish Fun's Catapult Chaos)』に興味を持ちました。投石器のスプーンに入った仮想の玉を、角度と速度をコントロールして発射し、標的のアイテムをたくさん倒すほど高得点になる、物理学を取り入れたゲームです(図7.1)。

図7.1 ∥ 子どもは『カタパルトカオス』の場面に沿ったヘルプを読まずに、「Skip Tutorial Mode(初心者モードをスキップする)」ボタンをクリックし、いきなり遊び始める。

『カタパルトカオス』は、子ども向けにデザインする場合の原則を見事に具体化しています。くどくどしい説明画面ではなく、ゲームを進めるのに必要なヒントを提示しています。また、遊び方の説明には絵を使っています。とはいえ、子どもはすぐに遊びたい一心で、これらを全部無視しましたが。

　リサーチのセッション中に、小さい男の子がこのゲームをほぼ最後までプレイしました。リサーチへの参加お礼に用意していたアメリカンエクスプレスのギフトカードを見せるまで、彼をコンピュータから引き離すことはできませんでした。この男の子は、「アイテムを一度に全部倒したボーナス」を獲得できるように、投石器のスプーンの向きと発射の強さを念入りに調整していました。しかし、調整といっても行き当たりばったりなので得点は上がらず、うまくいかないと彼はイライラを募らせました。「ヘルプ」もクリックしたのですが、ごく一般的な内容だったために小さい男の子の役には立ちませんでした（図7.2）。

図7.2 『カタパルトカオス』の説明画面は一般的すぎて、具体的にどうすれば高い得点を獲得できるのかはよくわからない。

　ゲームのプレイ中にはメッセージは表示されないため、そのレベルを終えたときのシンプルな「ナイス！」以外、男の子は確認メッセージを見ていません。ラウンドの間にいいタイミングでメッセージがもっと表示されれば――「こんどはパワーをもっとあげてみよう」「スプーンのむきをすこしさげたらどうかな？」など――、その子は知識も得点ももっと増やせたでしょう。そのゲームのゴールは、裏技を教えることでも、エクスペリエンスの探索部分を最小化することでもなく、物理学に適ったやり方で子どもに成功させることでしたから。

> [NOTE｜フォローアップ]
> 教えるためのツールとしてフォローアップメッセージを使うことは、対象が大人の場合でも有効です。オンラインで申込用紙に記入したときのことを思い出してください。記入前に説明書きを読みましたか？　それとも、読まずに入力し始めましたか？　記入漏れがあったり不完全なデータを入力したりすると、「Oops、もう一度」のようなメッセージが出たり、ミスのあった箇所について具体的な指示が出たりしませんでしたか？　あなたはどちらの方法が好みでしたか？

私が以前、一緒に作業したコムキャスト社のチームは、入会済みの顧客が番組をオンラインで視聴できるようにインタフェースをデザインしました。開発作業の最初のイテレーション（1回の反復）の段階では、技術上の制約や複雑な法的要因のために、かなり複雑なシステムになってしまいました。顧客は、ソフトウェアを2つダウンロードおよびインストールして、3回ログインしなければなりませんでした。開発チームは親切でわかりやすい説明をデザインしたのですが、ユーザビリティテストの際にそれを読むユーザーはいませんでした。顧客はむしろ、ミスをしたときに教えてくれる、流れに応じたフィードバックを望みました。チームはシステムを手直しし、プロセスのなかで顧客を指導する、高度に個別化した一連の「エラー」メッセージを整備しました。それでもまだイライラするユーザーはいましたが、ミスをどのように修復し先へ進むかが明確に提示されたあとは、その人数がぐっと減ったのです。

複雑さを上げる

昨年、コムキャスト社で「子どもを職場に連れていこう」という活動を実施しました。私は、8〜10歳児とその親たち総勢25人に向けて、どうやってアプリをデザインするかについて指導しました。セッションの第1部では、好きなアプリについて子どもにインタビューをおこないました。答えのほとんどはゲームでしたが、驚いたことに、そのゲームのほとんどは、『ジェリー・カー』や『ドゥードゥルジャンプ』、『プラント vs. ゾンビ』『アングリーバード』『マインクラフト』など、かなり難易度の高いものでした。教育用アプリや子ども向けにデザインされたアプリの名前はほとんど挙がりませんでした。その後、新しいアプリのアイデアをスケッチしてもらったのですが、彼らの望む複雑さのレベルが高いことに驚かされました。9歳のある男の子（父親は優秀なソフトウェアエンジニアであることを言い添えておきます）のアイデアは、

『アングリーバード』と『プラントvs.ゾンビ』を混ぜ合わせたものでした。男の子の説明を聞くかぎり、実際にプレイするのは無理のようでしたが、その場にいた子どもたちは、ほかのどれよりもこのアイデアにわくわくしていました。

だからといって、デザイナーはただむずかしいゲームをつくればいいわけではありません。むしろ、8〜10歳児には、達成感が味わえて、機敏さとスキルが必要で、時間をかけて上達していくようなアクティビティを用意すべきです。提示する価値が十分に大きければ、子どもは、少なくともクールな新顔がほかに現れるまでは、驚くほど忠実なプレイヤーになります。

次に『ポケットフロッグス（Pocket Frogs）』を見てみましょう。プレイヤーが一緒にカエルを見つけ、集め、繁殖させ、他のプレイヤーのカエルと交換していくアプリです。

『ポケットフロッグス』はかなり込み入っています。カエルを集めて餌をやり、世話をし、珍種を目指して繁殖させます。どのカエルがどのカエルとのかけ合わせが可能かについて大量のルールがあります（図7.3）。

図7.3｜『ポケットフロッグス』の複雑な育種のルールは8〜10歳児を惹きつける。

『ポケットフロッグス』がすばらしいのは、インタフェース自体は直観的でありながら、ルールはかなり複雑なところです。マネーやポーションやスタンプなど、通貨の仕組みが取り入れられていて、ユーザーはこの仕組みをよく理解したうえで自分のカエルをハッピーにしておくためのアイテムを購入します。プレイヤーはまた、どのカエルとどのカエルを交換することが価値的に見合った合理的な取引かも学ばなければなりません。習得にはある程度時間がかかるゲームですが、その場

で即座に褒美を得る機会も用意されており、8〜10歳児はこれを喜びます。8〜10歳児は必ずしもすぐに習得できるゲームやアプリばかりを求めているわけではありません。下の年齢層の子どもは繰り返しを好み、すぐに上手になれて何度も何度も達成感を味わえるものが大好きですが、8歳ぐらいを境目に「遠征」を通じて学び、成長し、発見し続けていくような複雑なゲームを好むようになります。

広告はコンテンツではない

5歳ぐらいになるまで、子どもはCMと通常のテレビ番組を区別できません。親と教育関係者にとってこれが頭の痛い問題なのは、広告とは何で、何のために存在するのかを知らないまま広告のターゲットとして狙われ続けると、メディアリテラシー[情報メディアの性質を見抜き、主体的に判断して活用する能力]を備えた子どもに育てるのがむずかしくなるからです。1992年、子ども向け広告を規制する「チルドレン・テレビジョン・アクト(子ども向けテレビ番組改善のための法律)」が可決され、ライセンス販売するキャラクター玩具のCMは、そのキャラクターの番組で流してはいけないことになりました。つまり、GIジョーのアニメ番組でGIジョーのおもちゃのCMを放送することはできません。この法律はその後、より厳格になり、幼い子ども向けの番組を専門としたチャンネルでは、そうした番組中に子どもをターゲットとしたCMを流すこと自体が禁じられました。

　子ども向けのテレビ広告とオンライン広告についてはいまも指針が進化し続けています。政府や広告業界、番組制作業界、民間企業がメンバーに名を連ねるアメリカの組織、子ども広告審査機関(CARU)は、「子ども向け広告主の自主規制ガイドライン」を発行し、広告およびプライバシーに関する政府のさまざまなルールの順守に関する情報を提供しています。また、消費者からの苦情を適切な政府機関に連絡します。

　官民を挙げたこうした努力にもかかわらず、一部の無節操な広告主や番組側がいまもどうにか広告を潜ませようとしています。ただし、8〜10歳児が広告に関してはかなり鋭い認識を持っていることは好材料です。実際、コンテンツ領域に広告が出現すると、この年齢層の子どもは否定的に反応します。こうした広告に頼らなければ沈んでしまうサイトやアプリにとっては「好材料」ではないかもしれません。では、広告を出さざるをえないサイトはどうしたらいいでしょう?　答えは簡単ではありませんが、望ましいのは、エクスペリエンスのなかに広告が存在す

ることを認め、それが広告だと言明し、子どもが広告を無視するかそのまま読むかを決められるようにすることです。広告業者は規制を守らなければなりませんから、彼らの広告の周囲に、広告とわかる何かを置くことにも同意が得られるはずです。

　ペパリッジファームの子どもサイトは、広告であることを上手に子どもにわからせています。子どもを楽しませるのではなく、何かを売ろうとするコンポーネントには、「アド・ヌーズ」という標識をつけています（図7.4）。

図7.4｜『ゴールドフィッシュ・ファン』サイトでは、「アド・ヌーズ」の標識が出ると広告だとわかる。

『ゴールドフィッシュ・ファン』サイトを利用する子どもは、「アド・ヌーズ」の標識が出てくれば、何かを売ろうとしているのだなとわかり、醒めた消費者の目でそれを見ます。ニコロデオン社のサイトでも広告を知らせる標識をポップアップしますが、こちらはかなりわかりづらいです（図7.5）。

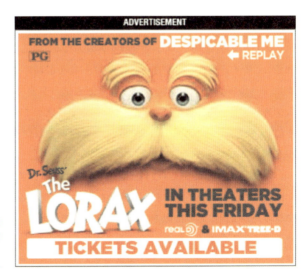

図7.5｜ニコロデオン社の広告標識は非常に小さく、背景に紛れている。

ニコロデオン社のサイトはCARUのガイドラインに従ってはいるものの、最小限にすぎません。「ADVERTISEMENT」の文字がとても小さく、読みづらいです。子どもはこれが広告だとわかるでしょうが、むしろコンテンツのエクスペリエンスに割り込まれるのを不快に感じるでしょう。広告については、インタフェースのなかで明確に識別することと、ユーザーのニーズに応えつつ政府の規制を順守することを常に意識してください。

ユーザー名"うんちあたま"、大いにけっこう

8歳ぐらいで子どもは、大人が何にでも答えられるわけではなく、ときにはまちがう——子どもは大きなショックを受けます——ということを知ります。そして、暗に認めてやりすごすよりも、自分に有利なように対抗しようとします。周りにいる大人を、遊び場で覚えたきたない言葉で嘲り、死んだ虫で弟妹を恐がらせ、くだらないと自分が思うルールを破ります。こうした行動はなかなか親の手にも負えませんが、デザイナーである私たちは、少なくとも自分がデザインした環境内では、こうした行動をむしろ促し、子どもたち自身に抑制させるべきです。自分がデザインしたエクスペリエンスで子どものルール違反を認めることにより、私たちはデジタル空間という安全な場所で彼らの知性と素養を確認しているのです。

　デザインするインタフェースを自分勝手に荒らされたくないのも、すべてのユーザーに快適に使ってほしいのも、当然の気持ちです。このため、害のないおふざけは歓迎しつつも、本当に悪質な振る舞いには制限をかける必要があります。

　このための方法の1つは、オンラインの人格をつくるときに子ども自身に創作させることです。子どもがふざけたユーザー名を選んでも拒否しなければ（卑猥な言葉や、個人情報が含まれていないかぎり）、子どもは自分がシステムをからかったような、エクスペリエンスの背後にいる大人たちをやり込めてやったような気になります。そして、たとえば"うんちあたま"みたいな名前でログインするたびに秘密のスリルを味わうのです。

　『ロブロックス（ROBLOX）』は、他のプレイヤーと探索する仮想世界を独自につくれるおもしろいサイトです。世界のなかのアイテムをつくり、子どもの壮大なイマジネーションに合った動きを与えることができます。要するに、何でもできる世界をつくれるのです。なお、"うんちあたま"という名前が登録済みであれば、『ロブロックス』はクリエイティブな別名をすぐさま表示します（図7.6）。

図7.6 ┃『ロブロックス』では、プレイヤー名の選択で独創性を発揮するように促す。

　子どもに自分が支配権を持っていると感じさせるには、エクスペリエンス内で型破りな行動をさせるという方法もあります。6〜8歳児はルールが破られると不機嫌になりますが、8〜10歳児はルール破りも大好きです。木の幹からゾンビが湧き出て隣の人を脅かしちゃったら？　猫に翼が生えて先生の頭に乗っかったら？

　『ロブロックス』は──インタフェースはかなり込み入っていますが──子どもが空想するこうした世界をだいたい望みどおりに組み立てることができ、その世界の行動やアクティビティや物事の仕組みのルールを子どもが独自に決められます（図7.7と7.8）。コンストラクショニズム（構築主義）の概念にもとづいた世界観になっていて、子どもは自分でアイテムをつくりながら、論理や言語や算数などの概念を学んでいくのです。

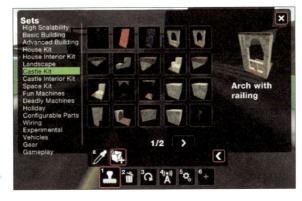

図7.7 ┃自分だけの『ロブロックス』の世界を組み立てられる。

129

図7.8 『ロブロックス』の世界にアイテムを追加したり消したりできる。

[NOTE｜土台の理論]
コンストラクショニズムの理論は、マサチューセッツ工科大学の教授であり数学者であるシーモア・パパート博士によって提唱されました。博士は、テクノロジーと学習の分野における最高権威の1人と考えられています。著書『マインドストーム──子供、コンピュータ、そして強力なアイデア』のなかで彼は、子どもが、数学や論理学や言語のような複雑な概念を、コンピュータプログラムの自作を通じて学習していく方法について述べています。教育テクノロジーについて関心のある人ならぜひとも読むべき良書です[1]。

『ロブロックス』は非常によくできていますが、全体的に使い方は相当むずかしいです。機能を伝えるアイコンやシンボルを共通させていますが、習得に時間がかかります。ごく平均的な9歳児は、アイテムのつくり方を理解するだけでもかなり苦労するでしょう。私自身、画面上のアイテムをなかなかうまく動かせませんでしたし、どういうわけか、図7.9の事態にも陥ってしまいました。

　ユーザーが何かをおこなったあとでそれに反応する、このシステムのフィードバックのやり方はたいへんよくできていると思います。子どもはいきなり飛び込み、とにかく何かをやってみて、失敗を繰り返しながら上達していきますが、私には9歳児が本当に理解できているのか疑問に感じています。『ロブロックス』のコードのエラーメッセージに、「先へ進む前にまずビルダーメニューを閉じてください」のような何らかの教育的情報が含まれていればよかったのですが。とはいえ、『ロブロックス』の土台にある思想や精神は、知的興奮を与えてくれるすばらしいも

---

1) Seymour Papert, 『Mindstorms: Children, Computers, and Powerful Ideas』(Brighton: Harvester Press, 1980). 『マインドストーム──子供、コンピュータ、そして強力なアイデア』シーモア・パパート著、奥村貴世子訳、未來社、1995。

のです。子どもに自分の好きな環境を構築させて探索させることは、8～10歳児がどう行動するかの裏づけになります。また、彼らに自分の世界のエキスパートになる気分を味わわせることができます。

図7.9 ┃ 画面に何を言われているのか私は理解できない。

もちろん、子どもがキャラクターやアイテムの振る舞いをコントロールできる、完全にオープンなシステムをデザインするには、能力も予算もライセンスも足りない場合も多々あるでしょう。しかし、こうしたアイデアを小さい規模で組み込んでみることは可能です。子どもにばかばかしいことをさせて、ユーザー名やアバターなどちょっとしたことでもいいから采配を振るわせて、彼らの型破りな振る舞いと発想を褒め称えましょう。

信頼の問題

6～8歳児は知らない人を恐がりますが、8～10歳児は社交的で社会性に富む傾向があります。特にオンラインではこれが顕著です。インターネットは、おそらくは周囲の大人よりも彼らの方が得意とする分野なので、使いこなせる自信があるのです。この自信には、オンラインで人と交流することも含まれます。コンピュータやタブレットみたいによく知っていて信頼できる機器が、しかも自分の得意なデジタル空間のなかで、自分を襲ってくるかもしれないと彼らにどうやって気づかせればいいでしょうか？　デザイナーは、社会性の要素のあるサイトをデザインする場合は常にこのことを意識する必要があります。

　1年前、『クラブペンギン』のサイトを使ってリサーチを実施したとき、他のプレイヤーとのコミュニケーションを、缶詰チャットですら、なぜかいやがる8歳の男の子がいました。わけを聞くと、自分の姉（当時10歳）の話をしてくれました。その

子の姉はオンラインで出会った知らない男に家の電話番号を教えてしまいました。男から家に電話がかかってきて、たまたまそれを取った父親が相手の電話番号を聞き出し、FBI捜査官である自分の兄に話しました。翌日、8歳の男の子のところにFBI捜査官のその伯父が訪ねてきて、個人情報をオンラインで洩らすとどうなるか、その子と姉を心底震え上がらせました。「オンラインの誰かに話したら、そいつはおまえたちの住む場所を探し当てて、家のものを盗んでいくんだ」。

ほとんどのユーザーは身内にFBI捜査官はいないでしょうから、子どもたちをオンラインの脅威から守るのはデザイナーの責任（および法的義務）です。

では、恐いもの知らずで社交的で自分はテクノロジーの上級者だと思い込んでいる子どもたちを、あなたのデザインにどのようにはめ込めばいいのでしょうか。とにかく慎重に。年齢によって入り口を分けたり、親の同意を得たりするだけでは不十分です。あとで少し触れますが、こうした子どもたちは嘘をつく（しかもあからさまな）からです。子ども向けのサイトをデザインするのなら、「社会性（ソーシャル）」はコンポーネントの1つにすぎず、サイトの主要目的を充実させるための存在であるべきです。子どもは、エクスペリエンスの他の部分がつまらなかったり「赤ちゃんみたい」だったりすると、社会性の部分に熱中し始めます。彼らにとって、オンラインの社会性とは、自分がいっぱしの大人であることの表れなのです。子どもにとって社会性のコンポーネントの価値提案はまさにここにあります。このため、エクスペリエンスそのものを「大人っぽく」デザインすれば、社会性のコンポーネントの魅力は相対的に減ります。こうするためには、大人目線で見下した感じをデザインに出さないでください。また、無理にクールにしようとせずに、シンプルで平明な言葉づかいを心がけてください。

『エバーループ（Everloop）』は、8歳から13歳の子どもに、保護者の管理下で安全に「ソーシャルネットワークのエクスペリエンス」を与えるサイトです（図7.10）。このコンセプトは実に強力です。子どもはさまざまな「ループ」に参加して、気の合う子どもたちとコミュニケーションをとります。親は、インスタントメッセージの使用を制限したり、わが子が新しい友だちをつくったときには通知されるように要求したりなど、子どもの関わり方のレベルをコントロールできます。

どれもすばらしいアイデアです。ですが、このサイトのデザインからは、「やあ、みんな。きみたちは幼すぎてフェイスブックみたいな"本物の"サイトは使えないだろう？ だから、きみたちが好きな音楽とか動画とかのある子どもだましバージョンをつくってやったよ」という匂いが漂っています。

図7.10 『エバーループ』のゴールは上品な格好よさ。しかし、そのデザインからは子どもを見下した感じが伝わる。

このサイトは明らかに、子どもが何を好きで何を望んでいるかをよく知っていると自負する善意の大人が、子どもによかれと思ってデザインしています。サイトの価値提案を伝えようとする一方で、「ぼくらのために」みたいな言いまわしをちりばめることで、子どものやる気に水を差しています。つまり、ターゲットが子どもであることを前面に出しすぎているのです。子どもは、自己反映型のゲームやグーブス（友だちに仕掛けるいたずら）や動画がお仕着せがましくてつまらないため、チャットやネットワーキングの方に吸い寄せられるでしょう。フェイスブックと似た色調を用い、フェイスブックに似た機能を取り入れたことも、かえってこのサイトがフェイスブックではなく、それを「薄めたバージョン」にすぎない事実を強めてしまっています。これこそ、親が気に入り、子どもが嫌うサイトの典型です。

このサイトが、「子どものために」の視点を押しつけるのではなく、サイトで何ができるかをもっと強調したデザインだったら、子どもは「ループ」に喜んで加わったでしょうし、チャットやメッセージングにはさほど興味を示さなかったでしょう。ひいては、ただそうしてみたいという理由だけで知らない人とチャットをする可能性が減り、みんなと一緒に楽しめることにもっと関心を向けたでしょう。

人をいやな気持ちにさせないなら嘘もOK

ユーザーリサーチのセッションで、子どもが嘘をつく様子を初めて見たときのことをいまでも覚えています。アリッサは9歳、ゲームをプレイするには登録が必要なサイトを私と一緒に見ていました。登録フォームに記入するとき、アリッサは年齢欄に11歳、住んでいるところにニュージャージー州（本当はペンシルバニア州）と入力しました。こうした嘘は小さなものですし、アリッサがアクセスしようとしていたサイトに影響を及ぼすこともありません。私は、なぜ嘘をついたのか尋ねました。ア

リッサは、「うーん、誰もいやな気持ちにさせないなら嘘もOKでしょ」と答えました。その後の調査で、アリッサはどうして年齢と州の名前に嘘を言ったのか自分でもわからないと説明しました。ただ、「そういう気分だった」のです。

　こうした嘘はよくあることです。オンラインで自分の素性を偽ったって、困ったことなんか**決して起こりはしない**という考えは、現実世界の相互交流ではほとんどの場合に誠実でまともな行動をとれる子どもたちの心にきわめて強く入り込んでいます。本当は9歳なのに11歳と言うと、ゾクゾクするのです。この状況には、デザイナーにとって考えるべきポイントが多数示されています。大人向けにエクスペリエンスをデザインする場合であっても、突き詰めれば、サイトを使っているユーザーが本当は誰かということは知りようがないからです。

　子どもは自分についてはだいたい嘘をつきますが、学年や、興味を持っていることについてはそうでもないようです。また、性別はアイデンティティの非常に重要な要素であるため、本当のことを言う傾向にあります。一方、年齢や、住んでいる地域や、外見については好き放題に書きます。

　これは必ずしも悪いことではありません。インターネットでのこうした実験は、比較的安全な環境に身を置きつつ、自分というものを探るきっかけになるからです。ただし、参加を13歳以上に限定しているフェイスブックなど、嘘がトラブルの元になる場所もあります。たわいのない小さな嘘が、不快な相互交流を引き起こすおそれがあります。もちろん、この種の環境ではルールや規定が整備されていますが、サイト管理者が年齢を偽っている者がいないか全員をチェックすることは困難ですし、嘘をつく可能性は誰にでもあります。ほとんどのサイトの会員規約やエンドユーザー向けの使用許諾契約書(EULA)には怒濤のように文字が羅列されているので、全部読む人は、子どもはもちろん大人ですらほとんどいません。

　この問題を回避する最善の方法は、アイデンティティのなかの嘘をつかれにくい項目を強調し、嘘をつかれやすい年齢や住んでいる場所のような項目を低く扱うことです。特定のユーザーにどのコンテンツを見せるべきかを決定するにあたっては、あるいはマーケティングに活用する目的では、人口統計学的情報を集めることが大切ですが、このことを重要視しない素振りを見せ、アイデンティティのほかの部分を派手に持ち上げることで、害のない嘘をつかせる可能性を減らせます。

　8歳以上を対象とした『キャンディスタンド(Candystand)』のサイトは、登録プロセスがきわめて標準的です(図7.11)。

図7.11 『キャンディスタンド』の登録ページで子どもはおそらく年齢を偽る。

　子どもが嘘をつこうとするのなら、たぶん、誕生日の日にちを変えるでしょう。記入フォームは単純ですが、過不足のない情報を求めていて、子どもはうんざりさせられます。そもそも子どもはサイトを使うのになぜ登録しなければいけないのかを理解していないので、年齢で自分がふるい分けられると感じれば、あるいは、子どもすぎたらこのサイトを使わせてもらえないと感じれば、誕生日をごまかします。

　このような場合の秘訣は、ユーザー名の方に重きを置くことです。ユーザー名は子どもが創造性を発揮しやすい領域だからです。パスワードを決めたあとは、たとえば星座のマークを選ぶとか、誕生日の頃の気候の画像をクリックするなど、何か楽しいことを加えるのです。そのあとで生まれ年を選ぶようにします。登録プロセスの他の部分で楽しく知恵を使わせることで、生まれ年や住んでいる地域の選択では知恵を使う可能性を低くできます。親の電子メールアドレスが必要であれば、それ用の入力スペースを設けますが、親の同意がなくても遊べる機能もサイトに用意しておいてください。子どもがサイトで遊ぶうちに親の許可が必要な領域に差しかかったら、そこで改めて親の電子メールアドレスの入力を促してもよいでしょう。プロセスの流れをいったん切ることになりますが、これもサイトの成功を追求するための方策の1つです。サイトの成功こそが、最終的に、エクスペリエンスデザイナーとしてのあなたの第一目標なのです。

　それから、フェイスブックの窓が右側にありますね。前述したように、フェイスブックの会員規約はサービスの使用を13歳以上に限定しています。子ども向けにデザインする場合で、そのエクスペリエンスに登録が必要なら、フェイスブックの

アカウントでのサインインは促さないでください。一部の人がすでにフェイスブックのアカウントを持っていることはここでは関係ありません。子どもに会員規約を破るように仕向けてしまうことが適切ではない、ということです。あなた独自の登録プロセスを構築してください。サイトでできることにわくわくするのなら、子どもは登録するでしょう。うまくデザインすれば、子どもは真実のデータを入力します。

[親もユーザー]

あなたが親で、子どもが8〜10歳なら、きっと親のオプトインを求める電子メールを見たことがあるでしょう。こうしたメッセージは親に対して、「あなたの子どもがコミュニティ環境のあるサイトにサインアップしましたよ、そこでは個人情報やイラストや写真を保存・保管したり、見ず知らずの人と交流したりできるんですよ」という事実を知らせて注意を喚起するものです。サイトの目指すところや、ミッション、使用のメリットのほか、アクセスの仕方、わが子が何をしているかについての基本情報も知らせてくれます。

このような電子メールは通常、免責事項や個人情報保護方針、会員規約、子どもの行動を監視する方法などについて細かい説明をおこないます。親のオプトインのための電子メールが読みやすく構成されている例はあまり知らないのですが、『DIY』のデザイナーはすばらしい成果を挙げています(図7.12)。オプトイン・メッセージが平易な文章で書かれ、サイトが何か、どのように稼働するか、全体のエクスペリエンスで子どもが果たす役割は何かについて、話の流れに沿って知らせてくれるのです。

シンプルな碁盤目状の配置、大きくはっきりとしたボタン、読みやすい文章のおかげで、親は数分もあれば、わが子が

図7.12 『DIY』からの親の同意を得る電子メールは、親がサイトの目的を理解しやすいようにつくられている。

『DIY』を使うメリットを理解できるでしょう。逆に、法律用語をぎっしり詰め込んだメッセージを読まされたら、わが子の参加に同意する気持ちが減るかもしれません。『DIY』はこの電子メールで何も隠してはいません。COPPAが企業に求めているのは同意のための電子メールを送ることだけですが、デザイナーはメールのデザインとメッセージの伝え方を工夫することで、忙しい親に、わが子がオンラインで何をすることになるのかを素早く理解してもらうことができます。

性別、複雑さ、発見

今日、女の子をターゲットにした玩具やゲームやインタフェースについてはさまざまな議論が繰り広げられています。私自身は、何かをピンクに塗りたくり、少し幼い感じにつくっただけで「女の子用」と謳うなんて、玩具会社はなんて傲慢で怠慢なのだろうと思いますが、女の子と男の子では好きな遊び方がまったく違うのもまた事実です。女の子は探索や発見や協力の伴うゲームを好み、男の子は競争やアクションや上達の伴うゲームを好む傾向にあります。また、男の子はプレイ中に自慢の空間能力を発揮したがり、女の子は複雑な推理をしたがります。

　こうした差に対応するには、大人向けのようにデザインすべきです。つまり、ターゲットであるユーザーのニーズ、振る舞い、態度を理解したうえでデザインに臨むのです。ユーザーが誰かということより、ユーザーである子どもがどんなふうにプレイするのかを考えてデザインします。たとえば、女の子にアピールするエクスペリエンスをつくりたいのなら、アイテム間の関係性とつながりの状況を手がかりに推理する、複雑な問題をつくるといいでしょう。『ウェブキンズ』は『ポケットフロッグス』同様にこの点をうまく工夫しています。子どもは自分のペットを安全でハッピーにしておくために、さまざまな項目をコントロールしなければなりません。これが、このサイトの根本的な価値提案です（図7.13）。

図7.13 ║『ウェブキンズ』は女の子に好まれやすい、つながりと世話と発見を重視している。

男の子をターゲットとしたエクスペリエンスをつくるのなら、伝統的なスタイルのゲーム——すぐに達成感が得られるゲームや、時間を区切った競争や競走、何らかの「物理的な」ゲーム（アイテムをたたきつぶすとか破裂するまで膨らませるとか）など——の比重を増やします。『タンクヒーロー（Tank Hero）』は、これを見事に実現しています（図7.14）。

図7.14 ║『タンクヒーロー』は、男の子好みの戦略と身体能力にフォーカスしている。

子ども向けのエクスペリエンスをデザインする場合、デザイナーの多くはどちらの性別のニーズにも応える道を探そうとします。プロジェクト全体とユーザーのゴールを見すえたうえで、実現のためにどのエクスペリエンスが最適かを判断してください。たとえば、「かけ算を学ぶ」のような大まかなゴールなら、アクションと発見の両方を取り込んだエクスペリエンスを比較的簡単につくれます。しかしゴールが「1つ1つが異なるパーツを使って複雑な構造体をつくり、それを他者と共有する」のようにかなり具体的な場合は、こうしたゴールのための行動がどのようなものかを考え、それに応じたデザインにすべきです。

デザインそのものもそうですが、性による違いは白黒つけられるものではありません。重要なのは、ユーザーのプレイスタイルやスキルや好みの行動に応じて、違いを支えられるようなインタフェースにすることです。

章のチェックリスト

これまで見てきたように、8〜10歳児向けのデザインはそれより下の年齢層向けのデザインとはまったく違います。また、次の章で短くとりあげますが、それより上の子どもとも違います。8歳〜10歳児向けのサイトやアプリをつくる場合は、以下の点に注意してください。

- ☐ 失敗のあとに、場に応じたヘルプを出していますか？
- ☐ 複雑だけれどもクリアが不可能ではない、やりがいのある課題を中心にしていますか？
- ☐ サイトやアプリの本来のコンテンツと広告を分けていますか？
- ☐ くだらないことや下品なことを促していますか？
- ☐ 社会性のある相互交流に制限を設けていますか？
- ☐ 自己表現と達成感を重視していますか？

次の章では、本書で扱う最年長のグループ、10〜12歳児について見ていきましょう。認知能力が高度に発達しているこの年齢層は、複雑で大人びていますが、デザインにあたっては大人とは違う特別な配慮をする必要があります。

リサーチのケーススタディ：アイリス、9歳

好きなアプリ：『フラッフ・フレンズ・レスキュー』

アイリスは大人びた9歳の少女です。本好きで、絵を描いたり、友だちと出かけたりするのも大好きです。『ニューヨーク・タイムズ』紙の健康欄を熟読し、家族のiPadでゲームをします。ゲームのなかでも、複雑な問題をどんどん解決していくタイプのものが好みです。「ずっと続いていって、終わりのないゲームが好きなの」。

アイリスがいま一番プレイしているのは、『フラッフ・フレンズ・レスキュー（Fluff Friends Rescue）』です（図7.15と7.16）。「誰かを助ける気分になれるから好きなの」とアイリスは言います。「家のないペットに家をつくってあげて、やさしく世話をするのよ。誰かを助けるととてもいい気持ちになるの」。

図7.15 『フラッフ・フレンズ・レスキュー』では、ペットを選んで家をつくって世話をする。

どんなゲーム？　「動物を選んで、裏庭で育てたり、売ったりするの。あたりを歩いている動物のなかで、ほしいものがあれば、それをクリックして買うのよ。お金をたくさん持ってたら、元気のない動物を元気にする場所をつくるの」とアイリスは教えてくれました。このアプリの通貨システムはかなり複雑ですが、アイリスは理解しています。「『フラッフ・フレンズ・レスキュー』のお金は、『ドラゴンベール（Dragonvale）』のお金よりずっと値打ちがあるの。物の値段が安いから。5,000コインが『ドラゴンベール』の100,000コインとだいたい同じ感じ。簡単。『フラッフ・フレンズ・

レスキュー』では『ドラゴンベール』みたいにはお金がもらえないの」。

　動物を助けて問題を解決し、お金を稼ぎ、ゲームの筋を見つけていくことすべてが、アイリスにとっておもしろいのです。「アイテムのことや選び方とか、たくさん覚えなくちゃいけないのよ。値段の高いものでも、それを買えばもっとお金が増えるかどうかを考えて、買うかどうか決めないといけないし」。

図7.16│『フラッフ・フレンズ・レスキュー』でお金を稼ぐには、ペットに餌を与え、ハッピーにさせておかなければならない。

　アイリスのゲームのやり方は、8〜10歳のおおかたの女の子と同じです。気に入るものを見つけて、時間があればいつでもプレイします。どんどん熱中していき、ペットの世話で小さな何かを成し遂げていくことにやりがいを感じ、気持ちが落ち着くのです。『フラッフ・フレンズ・レスキュー』はまた、学校や家のことや課外活動や絵を描いたり本を読んだりすることで忙しい子どもでも合間に遊べるようにつくられています。「おもしろいアプリを見つけると、わたし、いっぱい遊んじゃう。毎日ちょっとずつお金を貯めてるんだけど、それで新しいゲームを買うと、毎日することのなかに入っちゃうの。歯を磨いたり手を洗ったりするのと一緒なのよ」。

　アプリに加え、アイリスはdorkdiaries.comのサイトも気に入っています。『ドークダイアリー』という本のシリーズのキャラクターについて知ったり、ブログを読んだり、更新情報を得たりでき、本の中身が深められるからです。「『ドークダイアリー』は本当はもっと年上の子ども向けなの。お話が長いし、むずかしい悩みとかも出てくるから」。

　アイリスがダウンロードするアプリに求めるテーマは、物語風で、連続性があり、複雑な要求のバランスをとって問題を解決し、通貨の獲得・交

換ができることです。このことは性別の違い——女の子は一気に興奮を味わうものより詳細で込み入った手順を好む傾向にある——の裏づけと言えますが、認知能力が成熟してより困難な課題を求める気概の表れでもあります。

ザカリー、10歳

第8章

10〜12歳：大人の手前
GROWING UP

どういう子ども？	146
悩ませない	146
子どもに語らせる	150
モバイルファースト	154
個性を称える	155
特化する	158
章のチェックリスト	159
リサーチのケーススタディ：	
アレクサ、10歳	160

「人間の想像力に比べれば現実は小さすぎる。この壁を越えたい。」
—— ブレンダ・ローレル（対話型ファンタジー制作の専門家。アメリカ人）

10〜12歳児は親に反抗します。アプリやサイトでは、デザイナーの意図に逆らおうとします。もはや小さい子どもではなく、子ども扱いされることもいやがります。子ども向けに用意されたメディアよりも、『スナップチャット（Snapchat）』や『インスタグラム（Instagram）』のようなアプリに多くの時間を注ぎます。人気のあるアプリやゲームも使いますが、楽しむというよりは、情報獲得とコミュニケーションのツールとしてテクノロジーを利用する感じです。ほとんどの子どもはスマホかモバイル機器を使うので、親にとってはますますわが子がデジタルの世界で何をしているのかをつかみにくくなっています。親の管理は、たとえ効果的であっても、親が子どものなかに育ててきた親への信頼を弱らせ、ひいては、ただでさえむずかしくなり始めている親子関係をさらにもつれさせます。思春期の始まりです。

どういう子ども？

子どもは成長するにつれ、自分が何者で、何がほしいのかを、自分でもはっきりわからなくなります。大人向けにデザインする場合と同様に、子ども向けにデザインしているアクティビティについても事前のリサーチが重要です。リサーチを通じて子どもの期待が何なのかを探るのです。手始めとして、表8.1に挙げた特徴と指針を読んでください。

悩ませない

10〜12歳の子どもは、抽象思考の上級者になりつつあります。複雑なシナリオを解釈でき、自分の行動と決断の結果起こりうることを想定できます。他者の視点から物事を見る能力を手に入れたために、自分は何をすればいいのかという問題にも悩まされ始めています。こうした子ども向けにデザインするのはかなりむずかしい作業です。選択肢の柔軟性を保つ一方で、子どもが迷いすぎて決められない事態も避けなければなりません。

　具体的にはどう対処すればいいでしょうか？　不快感を与えず、優柔不断にも

表8.1 10〜12歳児で留意すべきこと

10〜12歳児の行動	その意味	対応
特定の行動および決定の結果を想像できる	行動の前に熟慮する	悩ませない。デザインはシンプルにし、子どもが複雑な決定を下せるように導く
創造的な発想ができる	独自のシナリオをつくり、あるべき結果を自分で決めるのが好きである	デザインするインタフェースにどのような「ストーリー」を持たせるか考える。時系列にことを進めるか？複数の経路を用意するか？
コンピュータよりモバイル機器の方をはるかに多く使うようになっている	より狭くて私的な環境上で、ほとんどのデジタルインタフェースを経験している	ウェブサイトをつくる場合でも、モバイル用の画面を第一にデザインする
「人と違う」自分になれるものを強く意識し始める	自分が何者で何のために存在するのかを誰もわかってくれない、というような、疎外感を味わい始める	個性を称える。白黒はっきりした答えではなく、状況とコンテキストを重視する
自分自身を「ジェネラリスト」ではなく「スペシャリスト」だと思う	自己認識プロセスの一環として、好きなこと、得意なこと、自分らしさを発揮できる興味のあることに集中する	基本的でありきたりなコンテンツから離れ、芸術や音楽、科学、動物など、特定の領域にフォーカスする

させない、複雑でおもしろいデザインをどうやって編み出せばいいのでしょうか？答えはシンプルです。シンプルにすればいいのです。いくつか例を見てみましょう。

『キングダムラッシュ(Kingdom Rush)』は、まさに10〜12歳児向けのゲームです(図8.1)。戦略があり、デザインがあり、ファンタジーがあり、悪者がいて、ほんの少しですが流血沙汰があり、たくさんの冒険があります。子どもは道路や城に戦略的に塔を建て、装備を整え、自分の王国をゴブリン、オークなどの魔物から守ります。デザインは凝っていて興奮を誘いますが、インタフェース自体はシンプルで、ユーザーはアイテムの使い方に悩むことなく、ゲームの目標に集中できます。戦略的思考がものを言う、すっきりしたエクスペリエンスになっているため、子どもは過剰な飾りや複雑なインタフェースではなく、どういう決定を下しどういう選択肢を選べば勝てるかを真剣に考えるのです。

図8.1 『キングダムラッシュ』の素朴なデザインのおかげで、子どもは戦略に集中できる。

使える資金と、王国に迫ってくる敵の種類に応じて、プレイヤーはどういうタイプの塔をどこに立てるか選ばなければなりません。塔にはそれぞれ、特定の防御に適した属性があります。敵が近づく間、プレイヤーは自分が選んで建てた塔がどのくらい効果的に働いているかを確認します（図8.2）。

『キングダムラッシュ』は、資金管理や物理学、戦略など、ゲームに役立つことを教えるために、漫画風にわかりやすくまとめたグラフィックスを用意しています。

図8.2 王国を敵から守るため、演繹的に推理して塔を建てる。

子どもがそれまで培ってきた高度な問題解決能力を刺激し、すっきりと理解できるインタフェースのなかで自分の下した決断がどのような結果を生むかを想像し、分析し、理解させるようになっています。

『マシナリウム（Machinarium）』の画面と対比してみましょう（図8.3）。『マシナリウム』は、最も美しいゲームの1つです。雰囲気のあるグラフィックス、おもしろい筋立て、不思議なキャラクターなど、すばらしい要素が盛りだくさんです。ですが、10〜12歳の子どもにとっては意思決定のポイントが微妙でわかりづらいのです。

図8.2 『マシナリウム』のインタフェースは詳細すぎ、10〜12歳の子どもにとって決定を下しにくい。

このゲームのゴールは、追放されたロボットの手助けをしてパズルを解き、アイテムを集めることで、ロボットが町に戻ってガールフレンドを救い出せるようにすることです。ユーザーは、最後の勝利を目指して手がかりを見つけながら、丁寧につくられた環境を探索し秘密を暴いていきます。

抽象思考のできない6〜8歳児なら、このゲームはパーフェクトです。どの意思決定も額面どおりに受け取り、1つ1つステップをたどりながら旅を楽しみます。しかし10〜12歳になると、どの意思決定の場面でもいちいち結果を深読みするため、このゲームにひどく苦しめられる可能性があります。行動しなければならないことも判断しなければならないことも非常に多く、すぐに手に余るようになります。おもしろいのは、このゲームのデザイナーは明らかにもう少し上の年齢層をターゲットにしている——喫煙やドラッグなど大人向けの話題が婉曲に盛り込まれ、一部のパズルは抽象的に考えないと解けないつくりになっています——のに、想定より年下の方がゲームに惹きつけられるようなのです。私の友人の子ども（5歳の男の子）はこのゲームが大好きで、放っておくと何時間もプレイしますが、別の

友人の子ども（11歳）はものの数分で投げ出しました。

　こうした相違が生じるのは、純粋な探索にもとづくゲームは8〜12歳ぐらいの子どもにとっては仕掛けが大きすぎるからです。実際に、トゥイーンは意思決定ポイントに差しかかるたびに考え込み、動けなくなります。インタフェースがあまりに詳細なため、10〜12歳児は単純に物語のとおりに流れていくよりも、次に何をすべきかにとらわれすぎてしまいます。

　だからといって誤解しないでください。『マシナリウム』は子ども向けとしても大人向けとしてもすばらしいゲームです。ただ、若干自由度が大きいので、複数のシナリオや行動の意味を大局的にイメージできるようになった人向けの探検ゲームだといえます。トゥイーンをターゲットとしてデザインする場合は、探索をある程度犠牲にしても、意思決定で創造性を発揮できるようにしてください。

子どもに語らせる

『マシナリウム』がとりわけ優れているのは、物語の筋を展開していくところです。子どもは自分にとって意味のあるやり方で冒険を進めていくことができます。『マシナリウム』のインタフェースは、正しい選択をしようと努める子どもにわかりづらい部分がありますが、もっと物語を中心にすえたデザインであれば（そして物語の進行に役立つような視覚表現を用いるのであれば）、10〜12歳児でも非常に楽しくプレイできるに違いありません。行動に伴うさまざまな結果をイメージする能力に加え、トゥイーンは創造性豊かに物事を考えることができます。彼らは独自のシナリオをつくるのが好きで、エクスペリエンスの別のやり方を見つけようとします。小さい子どもが主に旅の部分に興味を示すのに対し、10〜12歳は結果と行き先の方を重視し始めます。デザイナーの仕事は、行き先をできるだけおもしろく価値あるものにして、トゥイーンが自分の創造性を発揮して道を見つけ出せるようにすることです。

　実際にこれを成し遂げているものもあります。私が気に入っている『スクラッピー（Skrappy）』もそうです。これは、子どもが自分でメディアを監督して自分史のような物語をつくるアプリです（図8.4）。

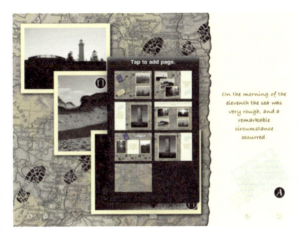

図8.4 『スクラッピー』では、自分の写真や動画や音楽を自分史的な話にまとめられる。

子どもは多彩なテンプレートのなかからどれかを選び、そこに自分の動画や音声データや写真を取り込んでマルチメディアのスクラップブックをつくります。インタフェースが上手にデザインされているため、ユーザーは操作方法に悩むことなく、創造力を駆使して目の前のタスクに集中することができます。『スクラッピー』で特に見事なのは、多少のアドバイスはおこないますが、メディアの性質に応じてユーザーを特定の方向に仕向けようとしないことです（図8.5）。よく練られた語り口で複数の道筋を案内し、ユーザーに実験の機会を与えます。

図8.5 『スクラッピー』のインタフェースのもとで、自分で話の流れをつくれる。

『スクラッピー』では、複数の決定ポイントが用意され、自由な発想で探索して、高い完成度で個人の物語をつくり上げることができます。本書の執筆時点では選択肢に多少の制限がありますが、デザイナーたちはこのアプリの改善を続けていますから、おそらくさらに選択肢が追加されてもっと自己表現を豊かにおこなえるようになるでしょう。

　『フォトグリッド──コラージュメーカー（Photo Grid – Collage Maker）』と比べてみましょう。こちらは、ユーザーとアプリの関わりを制限して、自分を表現する余地があまりない経路を通るように子どもを仕向けるつくりになっています（図8.6）。『インスタグラム』のほか、自己表現ツールや共有ツールをどっぷり使っている子どもにとって、このアプリは物足りないかもしれません。写真を選んでちょっとコラージュでおもしろくして、友だちや家族に見せるだけですから。その一方で、テンプレートの数もコラージュを調整する機能も少なめで、コラージュの追加に利用できる材料もスタイリッシュとはほど遠く、画面の上部には広告が表示されるこのアプリには、くよくよ考えずに狭い一本道を進めばいいという気楽さがあります。このアプリを大人が喜ぶのは、親戚に見せる赤ちゃんの写真を手っ取り早く集めたいなどの目的にはこの方が便利だからです。しかし、トゥイーンは束縛を強く感じます。

　実は私もこのアプリを何度も利用しました。簡単にささっとコラージュをつくれるところが便利でしたし、楽しい画像を追加したり、いったん完成したものの雰囲気をがらりと変えられるのもおもしろいことでした。大人である私はスピードと即座の満足を尊びますが、10～12歳児はそうではありません。彼らは、人と違う自分を表現したいのです。デザイナーの好きなものはユーザーも好きなはず、という前提は、特にユーザーが子どもの場合、通用するとは限りません。この例をもう1つ紹介しましょう。

図8.6 『フォトグリッド——コラージュメーカー』は、大人にとっては申し分ないが、10〜12歳児にとっては窮屈すぎる。

[親もユーザー]

子どもがトゥイーンの年齢に差しかかると、親の役割はいっそう複雑になります。この年齢層の子どもは、親のコントロールから抜けよう——親の指示とは正反対のことをやり始める時期です——しているので、デザイナーの構築物には親を関与させ、親が感じる不安を子どものエクスペリエンスに干渉しないやり方で反映させることが重要です。たとえば、本書の前の方で紹介したサイトやアプリのなかには、親向けのコンテンツを用意して、同意を求めたり、エクスペリエンスやその動き方について情報を与えたりするものがありました。

この年齢層の子どもでも、やはり親の関与は必要ですが、子どもの立場でおこなってください。たとえば、あるページに「ご両親向け」とか「親御さんのために」といったタイトルをつける代わりに、「あなたのご両親へ」とか、「これを保護者のかたに読んでもらってください」のようにすることで、トゥイーンに親とエクスペリエンスの関係を自分がコントロールしていると感じさせることができます。アプリとユーザーの信頼関係を損なってはいけません。子どもにコミュニケーションを仲介させたり、親に対して何をするつもりかを子どもに知らせることで、手間以上の大きな効果が得られます（例「これから保護者のかたに電子メールを送ってアプリをあなたが使ってもいいという許可をいただきます。保護者のかたに、メールが届くこととそれが大事であることを伝えておいてください」）。ネットにためらいを感じる両親に対しても、オンラインのプライバシーや、悪意をもって近づく「捕食者」やアプリの購入について、まじめな会話をする機会を与えられます。

モバイルファースト

10〜12歳児は、コンピュータよりも携帯電話の方を多く使います。2011年におこなわれたピュー・インターネット・アンド・アメリカン・ライフ・プロジェクトの調査[1]によると、13歳以上の若者の78％が携帯電話を持ち、23％がスマートフォンを持っています。この数字は年々上昇しており、伸びが最大なのが10〜12歳の年齢層でした。これにどんな意味があるでしょうか？　デザインしようとするエクスペリエンスについて考える場合、それがモバイル機器でどう動くかを真っ先に検討すべきということです。子どものユーザーがアクセスする状況を想像するのです。スクールバスのなかでしょうか？　お昼のカフェにいるときでしょうか？　宿題が終わってカウチの上でのんびりしているときでしょうか？

モバイルファーストのルールを適用するのはアプリだけではありません。10〜12歳児に向けて何かをデザインしている場合は常に、より小さな画面でどんなふうに見えるかを先に考えるべきです。画面というリソースに限りのあるモバイルにフォーカスすることで、エクスペリエンスの最も重要な部分が何かを洗い出しやすくなります。大きな画面だと追加してしまいそうな余計な機能でも削る決断を下しやすいのです。

　ここで、トゥイーン向けのシンプルなソーシャルネットワーキングサイト『ジャイアントハロー（giantHello）』を見てみましょう（図8.7）。このサイトのデザイナーが、モバイルファーストでエクスペリエンスをデザインしなかったことはすぐわかります。『ジャイアントハロー』のリンクやボタンをスマホ上でタッチしようとしても、ページのほとんどが切れているため、ユーザーはページを操作しなければならないからです。

図8.7｜『ジャイアントハロー』のサイトはスマホのブラウザでは切れてしまう。

1）　http://www.pewinternet.org/Reports/2013/Teens-and-Tech.aspx

子どもがPCを使っているのなら、このサイトを楽しめるでしょうが、ウェブブラウジングやサイトの利用は多くをモバイルデバイスでおこなうようになってきたため、このサイトはおそらくすぐに邪魔な存在になるでしょう。

「モバイルファースト」でつくられた子ども向けサイトはそう多くありません。レスポンシブデザインのサイトが増えるにつれ、この状況は変わると考えられるものの、現行においては、10〜12歳児向けのサイトのほとんどはモバイルではうまく動作しません。

タスクのなかには、PCか、せめてタブレット上でおこなう必要の高いものがあります。登録や親の同意や大量のデータ入力を伴う作業は、大きなキーボードのついた機器の方が向いています。まず、メインの要素——実際のエクスペリエンスの経路やインタラクションやタスク——をしっかり把握することをお勧めします。補助的なことについて気を回すのはそのあとです。こうすることで、重要な項目をモバイルにうまくなじませることができます。

個性を称える

個性を称えることは、10〜12歳の子ども向けにデザインする場合に最も大切かもしれません。プレティーン（13歳未満）の子を持つ親なら誰もが言うように、またあなた自身の子ども時代もきっとそうだったように、この年齢層の子どもは自分は人と違うと考え始めます。まったく「普通」で周囲に順応できていた子どもに、10歳ぐらいからなんとなく変化が現れることがあります。反抗などほとんどしたことのなかった子どもまで、自意識が強くなり、注目を集めたがり、それまでとは振る舞いが変わってくるのです。デジタル空間でこれに対処する方法は、彼らの個性を認めて称えることだけです。

ここは自分の居場所ではないと感じ始めた子ども（遅かれ早かれ、どの子どもにもこの時期が来ます）には、彼らにとって意味のあるアクティビティを発見させてください。デジタル環境で子どもが独自の物語をつくれることの重要性についてはすでに述べましたが、「正しいかまちがいか」や「白か黒か」の二者択一から離れ、中間のグレーゾーンを重視することも大切です。

この年齢層は、画一的な判定に不安を感じ始める時期でもあります。与えられたシナリオに複数の結末を考え、正しい答えを探して思い悩むからです。自己発見を促し、子どもがそれぞれ気持ちよく情報に触れて経験を深めていけるように

導くのが優れたエクスペリエンスです。エクスペリエンスのなかで下す決定が正しいのかまちがっているのかについて、彼らをくよくよ悩ませないような配慮も不可欠です。

　私は子ども向けの『スターウォーク（Star Walk）』が好きです（大人も楽しめます）。全年齢の子どもを対象としていますが、特に10〜12歳児に適しています。このアプリは基本的に、子どもがiPadを空中に掲げ、あたかも窓のようにして星座や天体を直接、観察するものです（図8.8）。神秘的な気分を盛りあげるイメージと音楽に彩られ、ユーザーは自分だけの世界に入り、天文の世界と深く結びつくことができます。この一体感と、惑星や星座に込められた繊細な意味が子どもの心に響き、自分という人間も空と同じように美しいと感じさせます。

図8.8 『スターウォーク』。星々との一体感を味わいながら天文の世界を探索できる。

個性を重視したデザイン例としてもう1つ、『元素図鑑：The Elements』を紹介しましょう。元素周期表について学習できるアプリです（図8.9）。『スターウォーク』と同様に、子どもは他とは違う、自分独自の感覚で周期表の元素の世界に入り込み、各元素のユニークな特性に感嘆します。最も基本的な元素ですら息を呑むほど美しく、字数を割いて丁寧な説明がなされています。タングステンのようなありふれたものでさえ、きわめて貴重な宝物に見えます。

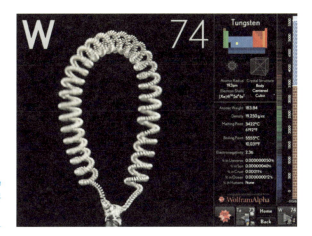

図8.9 『元素図鑑:The Elements』。周期表の世界を知り、探索する。

　元素の概要を鮮明な写真と基本情報で素早く見るのか、元素の来歴と性質を深く掘り下げるのか、表示方法はユーザーが選択できます(図8.10)。

　各元素の写真、説明、物語はそれぞれに特徴的で非常に丁寧につくられているため、作成した人たちが元素をいかに好きかが伝わってきます。このアプローチのおかげで子どもは元素に愛着を感じ、人格に近いものを与えることすらあります。科学への愛情と学習への親しみを植えつけるのにきわめて優れた方法です。

[TIPS｜危険なアプリ]

プレティーンの間で、『KiKメッセンジャー』『Yik Yak』『ウィスパー』『オメグル』など、近い地域に住む知らない人との間でメッセージを送ったり、写真を共有したりする匿名チャットに関心が高まっています。自分のアイデンティティに悩み、人から注目されたい子どもに対し、こうしたアプリは危険な状況をたやすくつくり出し、親も子どもも恐い思いをすることになりかねません。何らかのチャット機能をデザインに取り入れたい場合には、内容が過激に走らないように抑制し、不快な行為を報告するシステムを整える必要があります。

157

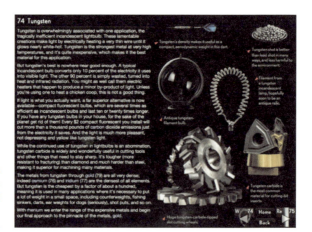

図 8.10 ║『元素図鑑：The Elements』では、深く知りたい元素を選ぶと詳細な情報が表示される。

特化する

『スターウォーク』も『元素図鑑』も、子どもはそれぞれの個性（天文や元素をどのくらい好きか）に応じて外の世界と関係を築けるようになっていますが、両アプリとも天文や元素にさほど思い入れのないユーザーにもアピールします。10～12歳児は自分を特別にしてくれるものを探し始める時期であり、自分の好きなものや自分のとる行動も自分を特別にしてくれるものの一部であるため、コンテンツがある分野に集中して個別化しているアプリやサイトをつくることには重要な意味があります。たとえば私の従妹のカーラは、聡明で発想力豊かな大人ですが、12歳頃は自分を"闘う詩人"だととらえていました。彼女は、興味を持てるものや自分がうまくできるものを見つけると、そこで才能が開花するようにエネルギーを集中的に注ぎ込みました。才能あふれる自分でいたかったからです。子どもは、自分を特別だと感じさせてくれるアプリが好きなのです。

　自分の個性を伸ばしてくれるアプリを使おうとする一方で、そうでないアプリは避けようとします。たとえば、図形よりも文章を書くのが好きな11歳の男の子に、図形を使ったゲームをダウンロードさせるのは非常にむずかしいでしょう。その子の関心のある分野にフォーカスしていないアプリも、たとえそれがどれほどおもしろいとしても、ダウンロードさせるのはやはり困難です。

　この年齢層の子どもをターゲットにする場合、中心テーマを狭く限定し、そのテーマに強い関心を持つ子どもを惹きつけてください。そうでなければ、ばらばら

のデータを並べるだけで終わり、この年齢層の子どもにふさわしいエクスペリエンスを構築することはできません。

章のチェックリスト

10〜12歳児向けにデザインする場合は、以下の課題にどう対応するかを事前に確認してください。

- ☐ 複雑な意思決定を、単純なインタフェースのなかで下せるチャンスを用意していますか?
- ☐ 複数の経路で複数の物語を描けるようになっていますか?
- ☐ モバイル機器の画面に適応しますか?
- ☐ 正しいかまちがいか、ではなく、コンテキストと状況を重視していますか?
- ☐ 狭い分野を対象とし、その分野に関心のある子どもに自分を特別だと感じさせる内容になっていますか?

リサーチのケーススタディ：アレクサ、10歳

好きなアプリ：『インスタグラム』
アレクサは明るく社交的な10歳の少女です。ダンス、写真撮影、家族や友だちと一緒にゆっくり過ごすことを好みます。お気に入りのアプリは『インスタグラム』です。私はアレクサに、『インスタグラム』のどんなところが好きで、どんな使い方をしていて、どんな役に立つのかをかなり長い時間、話を聞きました。彼女は、『インスタグラム』のいつものアップロードのやり方と、写真共有までのステップを教えてくれました。私たちはさらに、プライバシーに関することや、ルール、いやなフォロワーについても話しました。

「『インスタグラム』が大好き。友だちの写真を見て、いろいろ違うなあって思う。投稿するのも好きよ。写真を見れば、その人が何をしているのか、みんなわかるでしょ。それってすごくクール。いとこたちの写真を撮って、いま、おばあちゃん家でパーティーやってるの、って友だちに教えたりするの」。

私は質問しました。いつでも自分のいる場所を人に知られてる、ってどう思う?と。アレクサは「ええと、このアプリはその人がどこにいるか知ってるけど、その場所をみんなに教えるわけじゃないもの。"プライベート"とマークしておけば、友だち以外の人には見られないわ。"プライベート"にしていないと、パブリックだから、誰からもフォローできることになっちゃう」。

アレクサは『インスタグラム』上でどのように人をフォローしブロックするのかを見せてくれました。彼女はこのアプリの使い方、特に自分の知らない人にはフォローさせない方法を完璧に理解していました。「ここにボックスとボタンがあって、ボタンを押すと、人の名前のリストがずらっと出てくるの。誰かのアカウントを押すと、その人についての細かいことが全部読める。フォロワーが何人いるかとか、その人の写真も。ここにチェックマークと×印があって——いい?——その人をフォローしたければチェックボックスをチェックするの。×印を押すと、その人はわたしをフォローできない」。

「写真と動画を投稿するときは、その前に親がチェックするの。ママは

『インスタグラム』のアカウントを持っていて、わたしとお姉ちゃんのインスタグラムの写真もチェックできるの」。

　アレクサの両親は、娘がアプリを使うことを理性的かつ慎重に受け止めています。出遭うかもしれない人について熱心に彼女を教育しています。「嘘をついて近づいてくる人たちが大勢いるんですって」、アレクサは言いました。「ほら、ここの"ダンス・マム"っていう人たち。本物のダンス・マムは1人だけよ［アメリカのテレビシリーズに、ダンスに打ち込む娘の夢を支える母親にフォーカスした『ダンス・マム』という番組があります］。それに、ジャスティン・ビーバーっていう名前でジャスティン・ビーバーの写真を貼ってる人がたくさんいるけど、もちろん信じてはいけないし、自分のことを教えてもいけない」。アレクサは、ユーザーが"本物"か"偽物"かを見分ける方法を編み出していました。「その人が投稿した写真を見るの。"ダンス・マム"だったらわかりやすい。本当のダンス・マムなら、インターネットのどこでも手に入らない写真を撮れるはず。動画とかでもわかるわね」。

　アレクサは、アプリがどんなふうに動くのかを解き明かしていくのが好きです。機能がわからないボタンやアクティビティアイコンがあると、とにかくタップして何が起きるかを見ます。「こういうボタンは押すためにあるってわかってるから」と彼女は言いました。他のアカウントリスト——なかには自分と興味が一致するものがあるかもしれません——を表示するExplore（検索）ボタンを私に見せてくれました。「このボタンを押すと、人の名前が一列に並んで出てくる。写真は見ない方がいいわ。どこの誰かも、なんでそこにいるのかもわからない人がランダムでどっさり表示されるの。裸の人がいることもあるのよ」（たしかに、ほとんど衣服を身につけていない女性の写真が何枚かありました）。

　自分で何かを制作し、物語があり、人とシェアでき、情報が絶え間なくフローする、このアプリのテーマがアレクサを惹きつけています。写真を撮り、『インスタグラム』のフィルターで加工し、友だちとシェアするのが楽しくてたまらないのです。仮想コミュニティのコンセプトに気づいたばかりの、同じ年頃の子どもの多くがそうであるように、アレクサも不快にさせられる要素があることに気づきましたが、彼女の場合は誰をフォローして誰をブロックすべきかを判断する能力を備えています。

サヴァンナ、8歳

第 **9** 章

デザインリサーチ
DESIGN RESEARCH

一般的なガイドライン ……… 164
インフォームド・コンセントについて
　知っておくべきこと ……… 167
参加者の見つけ方 ……… 168
最年少児（2〜6歳児）のリサーチ ……… 168
仕切りたがり（コントロール・フリーク）（6〜8歳児）のリサーチ ……… 172
エキスパート（8〜12歳児）のリサーチ ……… 176
章のチェックリスト ……… 179
インタビュー：カタリーナ・N・ボック ……… 180

「何かを調査するのなら、遊ばせてみるのが一番だ。」
―― アルバート・アインシュタイン

一口に「子ども」と言ってもタイプはさまざまですから、子どもにリサーチを実施する方法にもさまざまな種類があります。基本は、遊ぶところを観察し、おしゃべりを聞くことです。この基本を踏まえたうえで、デザインの対象となる年齢層の認知能力や、身体的および技術的能力に合わせてリサーチの方法を調整してください。

この章で扱うのは、デザインのためのリサーチです。特に子どもを対象とした場合に有効なテクニックについて論じます。ユーザーリサーチを実施するためのツールや技法、アクティビティ、取り組み方は数多くありますが、ここでとりあげるのはその一部だけです。ユーザーリサーチについてさらに知識を深めたい場合は、マイク・クニアフスキー著『ユーザ・エクスペリエンス――ユーザ・リサーチ実践ガイド――』[1]やバーレイ・リア著『一人から始めるユーザーエクスペリエンス』[2]がたいへん参考になります。

一般的なガイドライン

子どもに対してデザインリサーチをおこなうとはどういうことでしょうか？　第2章「遊びと学び」で少し触れたように、デザインの過程には「吸収」と「評価」の段階があります。子どもへのリサーチに万能のテンプレートはありませんが、子どもに対して有効なアクティビティはいくつかあります。

原則は、単なる質疑応答ではなく、現場で実際に相互交流をおこなうことと、安心できる環境で子どもに自己表現をさせることです。この章では、リサーチに用いる技法を対象の年齢層ごとに紹介します。ユーザーリサーチの「ハウツー」ではなく、デザイナーが構築しようとするエクスペリエンスを特徴豊かにし、それを

---

1) Mike Kuniavsky,『Observing the User Experience』(San Francisco, CA: Morgan Kauffman Publishers, 2003).
　『ユーザ・エクスペリエンス――ユーザ・リサーチ実践ガイド――』マイク・クニアフスキー著、小畑喜一、小岩由美子訳、翔泳社、2007.12
2) Leah Buley,『The User Experience Team of One』(Brooklyn, NY.Rosenfeld Media, LLC,2013).
　『一人から始めるユーザーエクスペリエンス　デザインを成功へ導くチームビルディングと27のUXメソッド』
　リア・バーレイ著、長谷川敦士監訳、丸善出版、2015.7

うまく伝えられるようにするために必要なデータの集め方をまとめたものです。このあとに示す一般的なガイドラインは、どの年齢層の子どもの(そして大人の!)リサーチにも役立つと思います。

立ち止まらない

同じ課題を何度もやり直させられることが好きな人はいません。もし、あなたが頼んだことを子どもができなかったり、問いかけた質問に答えなかったりしたら、次の課題か質問に移りましょう。必要な情報をまだ得ていなければ、子どもに同じことを繰り返して求めるよりも、別の方法を考えてください。私はだいたい2回試しても子どもがやり遂げられない場合には、次に進むようにしています。こうすることで、セッションを停滞させずに済みますし、子どもが常に関心を持って積極的に参加するため、意味のあるデータが集まりやすくなります。

主導権を持たせる

あなた自身を、リサーチ進行役ではなく、1人の生徒と考えましょう。つまり、立てた仮説が正しいかどうかを子どもに教えてもらうという姿勢で臨むのです。デザインプロジェクトを立ち上げる前の予備調査にしろ、既存のインタフェースのテストにしろ、主導権は子どもにあります。試しに質問をする場合には、子どもの回答を型にはめず、雑談のような気楽な雰囲気を心がけ、さらに子どもに主導権を握っていると感じさせるようにします。子どもの特定の行動について詳しく知りたい場合は、リサーチ進行役としてではなく、その子どものことを知りたくてたまらない一大人として問いかけましょう。相手にうまく主導権を渡すのにはそれなりの熟練を要しますが、これができればより良質で真実性の高い結果が得られます。

　以前、仮想世界についてのリサーチをおこなったとき、私から頼んだことすべてに悪戦苦闘する1人の少女がいました。年齢は7歳で、この年齢の多くの子どもがそうであるように、何かをまちがうことにひどく神経質になっていました。あるとき、少女が私の肩の先にふと目をやり、後ろの壁に掛けられた巨大なホワイトボードと色とりどりのマーカーに気づきました。私の話をさえぎって、ホワイトボードに絵を描いてもよいかと尋ねました。アクティビティは計画どおりに進んでいませんでしたから、私は「いいわよ」と答えました。少女はホワイトボードに向かい、彼女の考える仮想世界を描き始めました。それは驚くほどの知性にあふれ、私の目を見開かせるものでした。少女にとって仮想世界がどういうものなのかは、当初

私が彼女にやらせようとしていたコンピュータの課題よりも、そのホワイトボードからの方がはるかによくわかりました。少女に主導権を持たせ、彼女のやり方で考えを表現させることで、隠れていた気持ちを具体化することができたのです。

> [NOTE‖師弟モデル]
> 子どもを対象にリサーチする際の主要な技法の1つに、「師弟」モデルがあります。このアプローチでは、子どもが師匠、リサーチャー（調査員）が弟子の立場になります。弟子であるリサーチャーが、観察や質問を通して、師匠の職人技を習得しようとするのです。「師弟」モデルを用いる場合は、参加者（子ども）をエキスパートとして尊重していることをセッションの最初に明確に伝えます。リサーチャーは見守り、耳を傾けながら、子どもがあなたを教え導くように仕向けるのです。

終わりを用意する

セッションの終了時刻が来たときに子どもがまだアクティビティの最中だったら、最後まで終えさせましょう。同じ課題に2度失敗した場合は、やり方を子どもに見せてから、どんなふうだったらもっとわかりやすかったかを尋ねます。デザインプロジェクトに没頭している子どもがいたら、リサーチャーもその子と協力してアクティビティを終わらせるか、家に持ち帰って自力で終わらせるように促します。課題ベースの試験を実施する場合、相手が大人だったら、達成できなかった課題の正しい達成方法を示さないまま次の課題に進むこともよくありますが、子どもの場合には、特に6〜8歳児にとってはこれは酷なことです。課題を完了させて、適切な終わりを用意することが大切です。

予定を教える

大人もそうですが、子どもは自分たちがリサーチセッションのなかでこれから何をすることになるのかを知りたがります。1対1の場合は特にこれが顕著です。これからおこなう予定のすべてのアクティビティと、さらに重要なことですが、それをおこなう理由をしっかり説明しましょう。たとえば、「はじめにiPadのアプリがいくつか出てくるから、そのアプリがどんなふうに動くか、教えてほしいの。いっぱい、質問させてね！　それから、ふだんコンピュータでどんなことをしているのかちょっと聞かせて。そのあとで、お母さんを探しにいこうね」といった感じです。

隠さない

リサーチの目的をはっきりさせましょう。子どもには、試されているのではなく、子どものためのよりよいサイトやアプリを作る手伝いをしているのだと理解してもらいます。実施場所が研究所なら、子どもを施設見学に連れて行ったり、司令室で見守る観察者(オブザーバー)に引き合わせたりするといいでしょう。子どもたちは嬉々として機材や装置を見てまわるでしょうし、観察されているということを知れば、自分が大切な存在だと感じます。

インフォームド・コンセントについて知っておくべきこと

人を対象にリサーチをおこなう場合には、人と関わりのあるプロダクトや情報を調査する他の科学分野と同じように、倫理上の原則とガイドラインに従います。したがって、リサーチに参加する人の、参加への同意を書面で確認する必要があります。これまで何らかのリサーチをおこなったことのある人なら参加同意書に記入してもらった経験があると思いますが、子どもを対象にしたリサーチが初めてなら、インフォームド・コンセント[状況をよく説明して相手の同意を得ること]の観点から何が必要かを理解しておく必要があります。

> [TIPS‖法規制に関する情報]
> 被験者への検査についてのアメリカ連邦規定についてよくわからないときは、科学技術オンラインエシックスセンター(www.onlineethics.org)の記事を参照してください。

アメリカでは、18歳未満の子どもが自分の一存でリサーチへの参加に同意することは認められていません。参加同意書には、保護者か法的後見人による署名が必要です。同意書を作成する際は、わかりやすい言葉(できれば厄介な弁護士の介入を避けるため)を用い、保護者と一緒にその理解度を確認しながら1行ずつ読み合わせます。個人情報の入力が求められる、実際に稼働しているサイトやアプリを使用する場合は、架空の情報を用いるようにし、子どもの個人情報が使われることはないということを参加同意書のなかに明記します。また、セッションを記録する場合は、録画・録音をどこでどのように使う予定かを保護者に確実に伝えます。たとえば、重要な部分を集めたハイライト映像を作成し、それを顧客に見せる場合は、そのことを必ず参加同意書に明記する必要があります。あらゆる種類のリ

サーチと同様に、同意書が得られないかぎり、リサーチに参加してもらうことはできません。

図9.1に、保護者向けの同意書の例を示します。

参加者の見つけ方

子どもを対象としたリサーチで最もむずかしいのが、参加してくれる子どもを見つけてくることかもしれません。他人が自宅にやって来て、わが子をじろじろと観察するのを喜ぶ親などめったにいませんし、だからといって子どもを調査させるためにわざわざ研究所へ連れてくるという親もそういないでしょう。私が試してうまくいったのは、地元の学校や保育所の協力を仰ぐ方法です。そこに出向き、子ども個人か少人数のグループを対象とした研究作業が可能かどうかを尋ねるのです。保護者への説明をしっかりとおこないさえすれば、ほとんど場合いい返事をもらえます。収集するサンプルの偏りを減らすには、人口統計学的に見た背景の異なる複数の地域の学校に接触することをお勧めします。通常は男女の割合を同じにしますが、男女どちらかの性別を対象としたデザインについてリサーチする場合は、その性別の子どもを重点的に集めましょう。

参加者を募集する方法としてはほかに、地元の短大か大学の児童学科に連絡するのも効果的です。こうした学校の多くは実習をおこなえる幼稚園を併設しています。教育機関と連携しているため、その幼稚園の保護者は、調査研究に対してよそよりは多少好意的に受け止めてくれます。

> [TIPS｜謝礼と謝礼金]
> 子どもの参加者への謝礼は、大人に支払う金額と同程度のものを用意してください。たとえば、通常100ドルの謝礼を支払っているのなら、子どもには同額のギフト券を渡すのです。1ドルショップの商品を詰めた「お楽しみ袋」を贈るのも、子どもにその場で喜んでもらえるのでいい方法だと思います。なお、ギフト券は必ず保護者に渡してください。子どもに渡すと紛失したり、置き忘れたりしがちだからです。

最年少児（2〜6歳児）のリサーチ

2〜6歳児を対象としたリサーチは、おもしろいのですが、実施にはかなり手間がかかります。この年齢層に対するときに一番適した技法は、遊んでいるように思

〈プロジェクト名〉

はじめに
〈研究の目的を入れます〉の検討／試験／比較／評価のための調査研究にお子様のご参加をお願いいたします。この調査研究は、〈研究のゴールを入れます〉のためのものです。お子様のデータは、他の参加者のデータとともに使用されます。お子様から得たいかなる個人情報も保存せず、いかなる方法にせよお子様だと識別できる研究結果は決して公開いたしません。

調査でおこなうこと
お子様には〈課題かアクティビティを入れます〉をしていただきます。所要時間は〈所要時間を入れます〉分ほどです。
お子様はいつでも参加を中止することができます。

デジタルの記録について（セッションの記録をおこなう場合）
セッションにおけるお子様の様子をビデオ撮影または録音またはその両方で記録させていただきます。この記録は本件調査目的のためにのみ利用するものとし、公開されることはありません。この記録を閲覧できるのはごく限られた個人だけです。以下に名を記します。
〈記録を閲覧する個人名（役職名のみの場合もあり）の一覧表を入れます〉

謝礼について
お子様のご参加に対し、謝礼として〈謝礼の品または金額を入れます〉を進呈いたします。

リサーチにお子様を参加させる承諾書
私は保護者ないし法的後見人として上記の調査研究に〈子どもの氏名〉を参加させることを許可します。

お子様の氏名：
お子様の生年月日：
保護者ないし法的後見人の氏名：
保護者ないし法的後見人の署名：
日付
調査員署名：

〈保護者の署名後、保護者用控えとして複写を作成します〉

図9.1 ‖ 保護者用同意書のサンプル。

わせながら直に観察することです。

親子セッション

この年齢層の子どもは、信頼できる大人が身近にいるときの方が、自分の考えを安心して口に出しやすいようです。ですから親や保育者を、ただ傍観するだけであってもリサーチに加えてしまいましょう。親は子どもに安心と励ましを与えることができ、リサーチャーが子どもの言おうとしていることを理解できないときには"通訳"になってくれます。

　親子セッションでは、どんな技法もだいたい使うことができますが、親にはこちらが望む関与の度合いについて、前もって簡単な説明をしておきます。なかには、子どもが"正しい"答えを言えるかどうかをたいへん気にして、子どもに回答を教えようとする親もいます。ですから、どの答えも正しいこと、子どもの発言も行動もすべてが価値あるデータとなることをはっきりと理解してもらう必要があります。また、自分も役に立ちたくて、リサーチャーからの質問を子どもにわかりやすいように表現を変えて言い直す親もいます。善意からであることはまちがいないのですが、質問の言い換えは回答の誘導につながりかねないため、セッションが始まる前に、親は子どもに答えるよう促すことはできても、質問を言い換えるべきではないということをしっかり伝えておきましょう。これは一部の親にとってはとてもむずかしいので、そのことを承知したうえで協力を依頼します。

> ［親もユーザー］
> リサーチャーが何度状況を説明しても、親子セッション中に親が口をはさんだり、質問を言い換えたり、子どもの考えを"通訳"したりして、場の支配権を親が握ろうとする場合があります。私の経験では、この事態は、親がどちらかといえば若く、熱心で、専門家意識があり、子どもの方はまだ言葉による自己表現があまりできない場合に起きるようです。
> こうした問題に対処するには、親に、参加者というよりむしろ調査助手の役割を割り振ってみます。アクティビティの先導や、おもちゃや小道具の準備を手伝ってもらうほか、彼らの意見や知見を聞く機会を設けるのです。また何かにつけて子どもの創造性、知性、微細運動能力を褒めるようにします。わが子がリサーチャーに高く評価されていることがわかれば、親は肩の力を抜いて、本来の趣旨に沿って動くようになります。

リサーチの技法

この年齢層は、抽象思考をおこない始めたばかりなので、仮定の状況を子どもに

考えさせるのは困難です。一番確実な技法は直接観察です。自宅など子どもの安心できる環境でおこなえれば、なおさらよいでしょう。デジタルなインタラクションの部分は観察しなくてもよいですが、遊んでいる様子は必ず観察してください。

○インタビュー

観察を始める前に、子ども（と親）に、リサーチャー自身とこれからやろうとしていることに前向きな気持ちになってもらいましょう。大人もそうですが、子どもも自分自身や好きなことについて話すのは楽しいものです。まずはリサーチャーが自己紹介をして、楽しいコンピュータを作るために子どもの手助けが必要なのだと説明します。それから「好きな本は何?」とか「どんなテレビ番組がおもしろい?」といった基本的な質問をします。この時点では親が多少介入するのはOKです。というのも、この時点では、子どもが場になじんで、リサーチャーを友だちとして見るようになればそれでいいからです。リサーチャー自身についても、たとえば子どもの頃に好きだったおもちゃのことや兄弟姉妹が何人いるのか、といったことを話すのもよいでしょう。

　この際にメモはなるべく取らないでください。メモを取ると、親も子どもも自分が評価されていると不安な気持ちになるからです。もしほかに観察者／記録係がいるのなら、その人も会話に参加させましょう。参加同意書で保護者の署名による許可を得ていれば、セッションを記録することができますが、できるかぎり小型で目立たない記録装置を用いるようにしましょう。さもないと、子どもの気が散って、その後の作業に支障が出るおそれがあります。

○コンテキスト調査

リサーチ場所が子どもの自宅なら、おもちゃを見せてくれるよう頼み、遊び方を観察します。音の出るおもちゃに真っ先に向かってから、ほかのおもちゃを手に取るのか？　あるいはお気に入りの人形か動物のぬいぐるみをあなたに見せようとするのか？　それぞれのおもちゃに費やした遊び時間を測り、反応を返すおもちゃと、子どもから話しかけなければならないおもちゃのどちらにより多くの時間をかけたかを見ます。この間に「そのボタンを押すとどうなるの？」とか「あなたの象は何を食べたいのかな？」のような具体的な質問をします。子どもが創作遊びが好きなのか、おもちゃそのものに興味があるのかを判断する助けとなるでしょう。この年齢層は活発に動き回りますから、そうした判断を下すのには時間がかかるか

もしれませんが、どの種のおもちゃが子どもの気持ちをより惹きつけているのかを見きわめられるように努めてください。

　この種のリサーチで得たデータは、あなたのサイトやアプリをどのような構造にして、どのようなアクティビティを組み込むかを判断する材料になります。あなたのユーザーは自由遊びが好きですか、それともルールの決まったアクション－レスポンス型ゲームが好きなのでしょうか？

○研究所でのリサーチ

研究所などの施設で実施する場合は、年齢に適したおもちゃを大量に用意する必要があります。楽器、クレヨンと紙、赤ちゃん人形、積み木ブロックなどがよいでしょう。さらにコンピュータかタブレットも室内に置いてください。自宅でおこなう場合と同じように、子どもに自由に動かせて、相互交流の様子を観察します。見知らぬ場所なので、周囲の雰囲気に子どもが慣れるまで少し時間がかかるかもしれませんが、リサーチャーや親からの勇気づけがあればすぐになじめるはずです。

[TIPS｜グループアクティビティを制限する]
2～6歳児に対しては、グループアクティビティを観察するリサーチはお勧めしません。まだ自分中心で人のことを思いやれませんから、集団のなかで協力して遊ぶことができないのです。それでもグループアクティビティをリサーチしなければならない場合は、観察したい部分だけになるべくとどめて、あとは個別にインタビューを実施してください。

仕切りたがり（コントロール・フリーク）（6～8歳児）のリサーチ

6～8歳は、意外かもしれませんが、最もリサーチしやすい年齢層です。これから何をするのか、どういう理由があるのかをあらかじめ丁寧に説明すれば、子どもはすぐに打ち解けて、リサーチャーが計画していたアクティビティに積極的に加わります。ただし、この年齢層は自身に関する情報を進んで発言することは少ないので、下の年齢層とは少し違った形で質問を組み立ててください。6～8歳児は、友だちや年齢の近いグループのなかにいるときに力を発揮しますから、リサーチにおいても、顔見知りの子ども同士をグループにする方がうまくいきます。この年齢層は1対1のセッションも物怖じしませんし、言葉を使って創造性豊かに自分の考えを伝達することができます。

子どもに話させる

実践的な技法を駆使したインタビューは、この年齢層に特に効果的に働きます。子どもは、オンラインやモバイル機器でしたことをあれこれ語るのが大好きで、好きなゲームやサイトやアクティビティについての情報を喜んで教えてくれます。リサーチャーはまず、コンピュータの使い方や、いつどこでスマホやタブレットを使うのか、好きなテレビ番組など、一般的で答えやすい質問をいくつかおこないます。このとき、コンピュータの使い方で親が取り決めたルールがあればそれを尋ね、そのルールを子どもがどう感じているかを聞き出します。こうした質問を通じて、子どもはインタビューの手順に慣れ、自分の考えを口にしやすくなります。

これくらいの子どもたちは、好みでないサイトについてはあまり積極的に語りませんから、違う目線から攻めて、あの最も嫌われる言葉「赤ちゃんみたい」を使うのも1つの方法です。たとえば、「赤ちゃんみたいとかくだらないって感じるサイトやアプリってどれ?」というふうに尋ねるのです。それでも言いたがらないようなら、いったん話題を変えて、友だちや家族について「一番仲よしのお友だちはインターネットでどんなことをしているの?」とか「お兄さんはどんなゲームが好きなのかな?」などと質問してみましょう。

以前の章で述べたとおり、この年齢層にはエキスパートのような気分にさせて、人に教えたがるように仕向けます。人から自分がどう思われているかをとても気にするので、この戦術は特に重要です。わからないから教えてほしいという低姿勢で教えを請うのです。「2年生はどんなサイトが好きなのか、全然わからなくて。どんなのがあるか教えてくれない?」とか「前に『アングリーバード』をやったんだけど、iPadで人気のゲームってほかに何があるの?」といった感じです。ですが、注意してください。リサーチャーの演技が下手で見え透いていると、子どもに見破られ、信用されなくなってしまいます。

インタビュー時間は15分以内とします。この年齢層はすぐに飽きてしまい、答えを一言で済ませるようになります。そうなったら、いくら答えを集めても役に立ちません。

インディ・ジョーンズになりきって

考古学の教授であるインディ・ジョーンズは、学生たちに探究心と冒険の尊さを説きました(映画のなかでですが)。あなたも同じように子どもに探究心を発揮させて、すばらしいデータを手に入れましょう。探索のための自由なセッションを1対1で

実施し、リサーチャーからはほとんど指図をせずに、子どもに自由にサイトやアプリを探索させ、何をしたかすべて説明させるのです。子どもは、何かまちがったことをしないかと怖れますから、こちらから背中を押すこともときには必要になります。いったん子どもが話し始めれば、あとは順調に進みます。子どもが黙り込んでしまった場合は、画面上のアイテムを指して、「わあ、これは何かな？ クリックしたらどうなると思う？」などと言ってきっかけをつくります。子どもが気に入ったアクティビティを見つけたら、好きなだけ遊ばせます。そして、子どもが初心者から中級者、そして熟練者（エキスパート）へと変わっていくうちに、言動がどのように変化するのかを観察します（ユーザビリティテストであれば、子どもが2度試してうまくいかなければ、次のアクティビティに誘導しますが、ここでは子どもの自主性を尊重します）。

　探索セッションの間は、子どもが最も多くの時間を費やしたアクティビティの種類や、楽しいものを見つけたときの子どもの仕種（背筋を伸ばす？　機器に近づく？　身体を揺らす？）、顔の表情などに注目します。アクティビティのどういうところが好きなのかをうまく説明できないときには、「ママにどんなふうに教えてあげる？」「お友だちもこれが好きになるかな？」といったきっかけをつくります。こうした探索を通じて、エクスペリエンスのどの部分が子どもにとって一番重要なのかが浮かび上がり、プロダクトのデザインにすぐに活かせるフィードバックが得られます。

クレヨンでいっぱい描く

私は経験上、6〜8歳児向けのデザインについて情報を収集するのなら、一番いい方法は参加型セッションを開催することだと考えています。このセッションは特に、友だち同士——学校か近所の友だち3〜4人——でグループをつくったときが最もうまくいきます。"互いの様子を遠慮がちに見る"状況を飛ばして、アクティビティを即座に始められるからです。1つの大きなテーブルに、クレヨン、色鉛筆、マーカー、工作用粘土、大量の白紙などの文房具を用意し、グループを集め、みんなで協力して取り組むようなデザインの課題を出します（課題は、あなたが知りたいことに沿った内容にします）。たとえば私が以前、『プラネットオレンジ』のサイトに関して予備的な調査をおこなったときは、子どものグループに宇宙船のなかにあったらいいなと思うものを描いてもらいました。ラーヴァ・ランプ［透明な容器に封じた鮮やかな色の液体を電灯で照らして楽しむインテリア用ライト］から、ロボット犬やスーパー望遠鏡までたくさんのアイデアが出されました。『プラネットオレンジ』のサイトでは貯めたお金でアイテムを「買う」ことができますが、そのアイテムの開発に私たち

はこのときのデータを活用しました。

　あなたがアプリを開発しているのなら、表示画面を空にしたiPad／iPhone／Androidの枠を多数印刷して、子どもにそこに絵やデザインを描いてもらいましょう。スマホかタブレットの画面という枠があるので、子どもは画面で見たいものや、モバイルのエクスペリエンスでどういうふうに誘導してほしいのかを発想しやすくなります。はじめはリサーチャーも一緒に作業したり、少なくとも子どものいくつかのアイデアについてフォローしたりするなどの働きかけが必要になりますが、いったん子どものエンジンがかかってしまえば、あとは放っておいてもどんどん描き続けるはずです。

　このようなセッションで子どもが思いつくアイデアは往々にして、あり得ないことだったり、ばかげていたり、まったくつじつまが合っていなかったりします。けれどもそのアイデアのおかげで、子どもが頭のなかでどんなふうに考えているのか、どういう機能が好きでどういう機能が好きでないのか、どんなことを心底楽しいと感じるのかがわかってくるのです。

　6〜8歳児に私が好んで用いる技法に、"探検部屋"と呼んでいるものがあります。これは、友人で同僚のジョン・アシュレーが考えたもので、彼自身も教会で青少年活動の指揮をとるときにこの方法を用いています。この技法は、リサーチを管理しやすいアクティビティに分割し、子どもを飽きさせないようにして観察機会を増やすものです。少なくとも大人が2人余分に必要になり、そのうちの1人はリサーチャーであることが望まれます。"探検部屋"をおこなう場合は、別々の部屋でアクティビティを準備します。たとえば、インタビュー用、コンピュータかモバイル機器を使ったアクティビティ用、参加型デザイン用、"休憩"用などで部屋を分けるのです。友だち同士のグループ（せいぜい5人程度、あまり多いと進行が滞ります）に各部屋を回らせ、最後は必ず、参加型デザインの部屋でみんなでデザインを描いて終わるようにします。各アクティビティの所要時間は15分から20分程度とし、休憩用の部屋には、スナック菓子やジュースを置き、各種ゲーム、パズル、お絵かきの道具、動画を見られる機器なども用意しておきます。室内には子どもを観察する人物を配置し、子どもがどのアクティビティを選んだかをチェックします。この控えの観察者によって、子どもがオフライン環境で何を好むのか、より細かく情報を収集することができます。

エキスパート（8〜12歳児）のリサーチ

子どもも8〜12歳にもなると、リサーチセッション中に反抗の態度を見せることがあります。リサーチャーに自分がどう思われるかを警戒して、意図的に情報を出さなくなったり、ぶっきらぼうな一言の返事しかしなかったり、何を聞いても同じ答えしか返さなくなったりします。"いい子"と思われるよりも、"クール"だと思われたがっているのです。このため、無表情で退屈そうで無関心な態度をとりがちです。私たちもみんな通ってきた道ですね。忍耐強く、集中して、彼らを大人として扱ってください。

1対1が有効

一番年下の2〜4歳児と同じく、8〜12歳児も1対1でのリサーチが向いています。年齢層内の下の方である8〜9歳児向けにデザインするのなら、グループのセッションにも有効な面がありますが、たいていの場合この年齢層は、会話やアクティビティが自分の好きなように進行しないとイライラしてやる気を失います。1対1のセッションなら、参加者の関心の度合いに応じて簡単に調整することができます。

　1対1で、他者の影響を受けずに突っ込んだインタビューをおこなう場合、基本は大人へのインタビューのときと同じです。基本的な質問から始め、参加者の気持ちをほぐしたあとで、次第に個人的な、込み入った質問へと移行していきます。繰り返しますが、この年齢層に子ども扱いは禁物です。子どもだと見下したり軽んじたりする態度は慎んでください。彼らは大人っぽく見られたくて懸命なのです。「オンラインでどんな嘘をつく？」とか、「ゲームの好き嫌いに友だちってどういうふうに影響する？」といった、より抽象的で答えにくい質問もためらわずにぶつけてみましょう。だいたいは正直に答えてくれますし、リサーチャーが話しやすい雰囲気をつくって上手に促すといっそう効果が上がります。子どもの持つ知識と知恵を尊重しましょう。

学校というホーム

8〜12歳の子どもから定性的な情報を得るのに最も適した方法は、学校という環境にいる子どもを訪問あるいは見学することです。地域の学校に働きかけて、観察に協力してくれる教師やクラスを探します。学校での姿を見ることで、子どもがオフラインの教材とどのように関わっているかについて知見を得ることができま

す。実践的な学習活動に積極的な反応を示すのか？　それとも、情報をじっくり取り込み、メモを取ったり、質問をしたりすることで知識を深めるのが好きなのか？　性格や性別による違いにまず気づきますが、そのうちに一定のパターンが見え始めます。また、どの教師もその人なりのスタイルを持ち、教師によって教え方のうまい下手があることもわかってきます。ですから、より包括的なデータを得るには、観察対象として、タイプの異なる学校（都市型、郊外型、私立、チャーター・スクール［保護者や地域住民が運営のためのスタッフを集め、公的資金の援助を受けて開設する、公設民間運営校］など）の4～5クラスは確保しましょう。

　クラスを見学したあとで、数人の子どもを脇に呼んで1対1のインタビューができるかどうかを確認し、できるのであれば、学校そのものやその好きなところ、学科、友だちなどについての考えを尋ねます。こうしたプレティーン（13歳未満）の子どもはおそらく、ソーシャルメディアを使い始めていますから、ネット上のアクティビティとオフラインの友人関係がどう重なるのかについても聞いてみましょう。子どもが人間関係やテクノロジーや教育やメディアをどう見ているのかを知る手がかりが得られます。なお、リサーチャーが学校にいるということは「学校の偉い人」から許可されているということなので、学校でのリサーチは子どもに安心感を与えます。

研究所でのテスト

この年齢層は、従来どおりの研究所でのユーザビリティテストでも問題なく対応できます。マジックミラーのあるような研究所なら、子どもが喜ぶので施設内をひととおり案内します。ほかにも観察者がいる場合はこのときに紹介します。リサーチャーであるあなたは子どもに対し、観察者は仕事を手伝うためにここにいて、皆さんの行動の大事な点を記録してくれる、だから観察者には自分の思っていることを正直に話してほしいと説明します。

　研究所では、大人に対してユーザビリティテストをおこなうときと同じように、達成したい課題を具体的に説明します。自分の考えや振る舞いをはっきりと声に出して説明するように依頼します。プレティーンの子どもは自分自身について語るのがあまり得意ではありませんから、セッション中にリサーチャーがやさしく促したり、励ましたりする場面も出てくるでしょう。

[TIPS｜安心感を与える]

経験上、8歳から12歳の子どもは小さな声で話し、すぐに気後れして殻にこもってしまいます。そのため、小さい子どもや大人に対するとき以上に、相手に安心感を与えるように気遣う必要があります。何かが彼らの注意を惹いたときには、何にどういう理由で注意を惹かれたのかを正確に指摘できるように確認してください。繰り返しますが——いくらしつこく言っても言いすぎることはありません——決して子ども扱いしてはいけません。「こういうとき子どもってどうするの？」のような聞き方は絶対にやめてください。このリサーチは、一般的な子どもに関するものではなく、目の前で参加してくれている子ども自身に関するものです。子どもに対しては、「子ども」をリサーチしていることではなく、「リサーチ」そのものを強調してください。

アンケート調査

8〜12歳児は確実に読み書きができるので、人前で意見を言いたくないような情報を子どもから集めるのにアンケート調査はうってつけの方法です。基本は無記名ですが、必要に応じて年齢や性別のような情報は求めてもいいでしょう。

　アンケートをおこなうと、定性的データを補う定量的データが得られますが、相手が子どもの場合は特に、アンケートだけでは全容はつかめません。学校のクラスを見学したあとでアンケートを配る場合もありますが、前にも述べたとおり、子どもが考えていることと、考えていると言うことは別物であることに注意してください。研究所で観察する場合も、その前かあとに（あるいは前後両方で）、子どもに簡単なアンケート調査の記入を依頼することがあります。これは、本人の考える態度と、実際に観察した言動とを照らし合わせる比較するためです。

　アンケートの質問項目を作成するときには、多項選択式と自由回答形式を組み合わせます。多項選択式の1問ごとの選択肢の数は4個にするとよいでしょう（参考までに、大人向けの場合は5個が普通です）。子どもは多項選択式の質問にはけっこう慣れていて、回答によって自分が評価されると感じると（たとえアンケートが無記名だとしても）、どの項目にもどっちつかずの選択肢をチェックしようとします。お勧めするのは、1〜4段階の目盛りを使って、1「そう思わない」、2「あまりそう思わない」、3「まあまあそう思う」、4「そう思う」とする方法です。子どもはこのようなさなにげない言いまわしには答えますし、"正しい"答えを選ばなければという緊張も感じずに済みます。そのうえ、「どちらでもない」の欄がありませんから、役に立たない真ん中の答えばかりが集まるという事態も避けられます。

章のチェックリスト

第9章で述べた内容をおさらいするチェックリストです。次の第10章では、対象年齢ごとに区切ってアプリのデザイン例を説明します。

**子どもたちにデザインリサーチを実施するにあたっては、
以下の点に注意してください。**

- ☐ 子どもの考えをただ言葉で説明させるのではなく、アクティビティを用意して実地にやらせてみる。
- ☐ 「師弟モデル」にのっとり、子どもをエキスパートとして扱い、セッションを主導させる。
- ☐ デザイン対象である年齢層に合わせてリサーチアクティビティを調整する。
- ☐ エクスペリエンスのゴールに照らし、リサーチのアクティビティ、ツール、刺激要因を決定する。
- ☐ 特に子どもが幼い場合は、親にもリサーチに参加していると感じさせる。
- ☐ 参加同意書を用意し、保護者に署名してもらう。

INDUSTRY INTERVIEW

カタリーナ・N・ボック | グーグル社ユーチューブ部門、ユーザーエクスペリエンス・リサーチャー

CATALINA BOCK

カタリーナ・N・ボックは、子どもや若い世代を指向したプロダクトの開発分野で、アメリカやヨーロッパ、カナダ、南米の企業の多彩な制作チームと数々の実績を挙げています。ユーザーエクスペリエンスのデザインとリサーチの両方で学位を有しています。

現在はグーグル社に勤務し、ユーチューブのユーザーエクスペリエンスをリサーチしています。これまでもレゴ、インテル、ニコロデオン、ヤフーなどで専門的な仕事に携わってきました。ユーザーエクスペリエンスに関する多数の論文を執筆し、講演も数多くおこなっています。また、スタンフォード大学とカリフォルニア美術大学でアドバイザーを務めています。

著者デブラ・レヴィン・ゲルマン（以下DLG）： 子ども向けのリサーチとデザインの分野で輝かしい実績をお持ちですね。12歳までの子どもを対象にユーザーエクスペリエンスのリサーチをおこなう場合、忘れていけないことは何ですか？

カタリーナ・N・ボック（以下CNB）： かなりの柔軟性と忍耐力が求められるということです。アクティビティがどう進行するのかを予測するのは困難です。計画どおりに進めても、必要なデータが得られないことに途中で気づくこともあります。ですから、アクティビティを進めながら、内容や方法をその場で変える敏捷さが必要です。子どもとの信頼関係をうまく築けず、なかなか話をしてもらえなかったり、リサーチ過程に親や学校の教師に加わってもらわなければならない場合も出てきます。親の関わり方はあらかじめ計画しておけますが、それでも親の関わりが子どもの反応に影響することが考えられます。リサーチャーには、柔らかい頭と目の前の状況に素早く見わめる力が必要です。

また、リサーチアクティビティの複雑さに応じて、ゲームやワークブック、お絵かき帳などを用意しておき、セッション中に子もの興味を刺激する材料として使うことも大事です。ただし、時間をかけて準備しても、思ったほどには役に立たない可能性もあります。本調査の実施前に試験的なセッションを1～2度おこない、用いる手法が仮説どおりに機能するかどうかを試しておくべきです。手法が機能せず、必要な種類のデータが得られないと判明したら、別の手法を考えなければなりません。

DLG： 2歳児向けにデザインすることと12歳児向けにデザインすることはまったく違います。リサーチも同じですね。子どもの年齢によって、リサーチにはどういう違いがありますか？

CNB：2〜4歳児は、認知能力と言語能力が発達し始めたばかりです。自分自身を言葉で表現することができませんから、実践的なアクティビティを用意して、子どもがどんなふうに考え、どういう行動をするかを観察する必要があります。なるべく、子どもの自宅や学校といった本人にとっての自然な環境を選びましょう。そうすれば、子どもが日常的にどんなものを手にしているのかを直に見ることができます。はじめは親からの予断が入らないように、親のいないところで観察することをお勧めします。質問したり、何かを子どもに頼んだりする段階に来たら、親や教師の協力も仰ぎ、子どもの反応について背景を説明してもらいます。

5、6歳前後になると、話す能力が発達し、自分のしていることについて事情を説明したり、物語を組み立てたりすることができるようになります。子どもの言動が理解しやすくなりますから、質疑応答をリサーチに組み入れることも可能です。この年齢層では、男の子と女の子で大きな違いが見られます。女の子は落ち着きがあり、長時間でも座っていることができますが、男の子は活発で、身体を動かすアクティビティを好みます。こうしたことに配慮し、多彩なアクティビティを用意して、子どもを飽きさせないセッションをつくる必要があります。

8〜10歳児の場合は、デザインするインタフェースがよほど複雑でなければ、紙のプロトタイプを使ってテストすることができます。この種のテストは、クリック動作よりもタッチ動作の観察に向いています。参加型のデザインアクティビティの一環として、子ども自身に紙でプロトタイプをつくらせたり、大人がつくった紙のプロトタイプをも

子ども向けのプロダクトだとしても、親が好感を持つかどうかはきわめて重要

とに子どもにコンセプトについての感想を聞いたりする方法もあります。早い段階でユーザビリティの問題が明らかになるかもしれません。

子どもの集中力のなさはティーンエイジャーになるまで続くと覚悟しておいた方がいいでしょう。セッションは1時間以内にとどめるべきです。ある程度上の年齢で、そのプロジェクトに並々ならぬ熱意を持っている子どもの場合は別ですが。

年齢層にかかわらず、子どもを対象にしたリサーチをおこなう場合に決して忘れてならないのは、何らかのレベルで親の承認を得ることです。親がわが子に遊ばせたいと思うアプリやサイトはどういうものなのか、いくらぐらいまでなら買ってもいいと思うのか、などは探っておくべきです。子ども向けのプロダクトだとしても、親が好感を持つかどうかはきわめて重要です。つまるところ、お金を出すのは親ですから。

DLG：参加型デザインのお話が出ましたね。子どもに参加型デザインのセッションをおこなうメリットは何ですか？ このセッションが最も効果的な年齢層というものはあるでしょうか？

CNB：参加型デザインは、より年長の子どもに向いています。参加型デザインのすばらしいところは、ふだんよく使っているプ

ロダクトのエキスパートとして子どもに参加してもらうので、デザインプロセスの参考にできる情報がたくさん集まることです。子どもにも大人にも理想的な未来のエクスペリエンスを目指すプロジェクトで、参加型デザインは数多く利用されています。子どもがアプリをうまく使えるか、ボタンの場所を見つけられるかどうかを見るよりも、子どもの新しいアイデアを引き出し、何かを発見できるかどうかの方が大切なのです。レゴ社にいるときに参加型デザインを何回も実施しましたが、そのたびに大きな教訓を得ることができました。

　参加型デザインのゴールは、セッションを通じて次世代のプロダクトを考え出すことではありません。子どもの目を通して世界を見渡すことです。子どもと一緒に何かをつくる、自分の手がどんどん汚れていく、子どもが粘土をこねるのを見る、子どもの話す物語を聞く、このあとどうなるかを想像しているところを見守る──こうした瞬間がすべて貴重です。参加型デザインのようなアクティビティは、リサーチャーの目から曇りを除き、子どもはこんなふうに反応するだろうという思い込みを打ち崩してくれます。子どもが何かをつくる様子をただ見て、観察して、話を聞くだけで、思い込みを追い払い、真実の姿を描くことができるのです。子どもたちから湧き出す新しいアイデアに触れれば、リサーチャー自身もそれまで考えもしなかった見方ができるようになります。

　経験上、参加型デザインは6〜12歳の子どもに最も効果的だと考えています。運動能力も言語能力も基礎ができていますし、創造性豊かで、デザインに参加して大人を助けることに非常に前向きです。コラージ

参加型デザインのゴールは、子どもの目を通して世界を見渡すこと

ュやマインドマップの子ども版なども喜んでつくります。ほとんどの場合、とても熱心に参加してくれます。これより下の年齢層では、認知能力と言語能力の不足からスムーズな進行がむずかしく、上の年齢層では、「クール」すぎて醒めた態度をとられがちです。

　非常に重要なのは、子どもにも親にも、セッションに何を期待しているのかをはっきりと伝えることです。レゴ社では、子どもに対するこの種のリサーチを数多くおこないました。子どもは嬉々として参加しましたが、彼らが本当に期待していたのは、自分の考えが本物のプロダクトになることでした。リサーチャーは子どもに対し、アイデアはとてもすばらしいけれどそのとおりのプロダクトにはならないこと、アイデアを基礎にして、何度もやり直して形を変えていくことを説明しなければなりません。子どものアイデアをよく聞き、理に適った範囲でアイデアを喜んでみせてください。子どもは、自分のアイデアが形にならないと知ってがっかりするでしょうから、リサーチャーは相手の感情を傷つけないように配慮する必要があります。

　同じことが親にも言えます。わが子のアイデアと引き換えに何がもらえるのかを気にする親もいます。うちの子がすごいことを思いついたら、アイデア料っていただけるのかしら、みたいに。親に対しては、お

子さんがリサーチに参加してくださったことへの謝礼はありますが、アイデアは何度も検討を経て最終的にはまったく違うものになる旨（つまりアイデア料などは発生しない旨）を明確に伝える必要があります。

DLG：リサーチセッションに子どもを集めるいい方法は何ですか？

CNB：プロダクトや企業によって大きく変わりますね。ふだんから子どもと関わることの多い大企業なら、参加者の候補になる子どものデータベースを持っているでしょう。伝統的なスクリーニング（事前調査）という方法もあります。いまはネットがありますからネット上にアンケートを掲示して、それに答えてくれた人——記入するのは親ですが——のなかから参加者を選ぶのです。いったん参加者の待機群ができてしまえば、電話をかけるなどの方法を通じて、子どもが言葉で自己表現できるかどうかやその他の資質を確認します。確認ができたあとで正式に参加を依頼するのです。

　ゲリラ的な方法も採りましたよ。保育所や学校に連絡したり、年齢や性別などの条件の合う子どもを持つ友人や親戚に頼んだり。同僚のなかには、公園や博物館に出かけてそこで子どもを見つけた人もいます。生まれたての企業相手の仕事や、自分のためのアプリの場合には、友だちや家族に頼りました。たとえば、5歳児を持つ友人が、同じ5歳児のいる別の家族を紹介してくれることもあります。

サマンサ、5歳
友だちのソフィアへのカード

第 **10** 章

年齢層ごとに見るアプリ
AN APP FOR ALL AGES

2〜4歳 ·· 188
4〜6歳 ·· 190
6〜8歳 ·· 194
8〜10歳 ·· 202
10〜12歳 ·· 212
章のチェックリスト ······························ 213

クリエイターの、インベンターの、オープンソース貢献者の
世界を広げたいのです。私たちの住む、この響き合う世界は、
私たちみんなのものですから。

———— アヤ・ブデール（リトルビッツ社CEO兼創業者）

本章では、これまでに述べてきたことすべてを実践に活かし、どの年齢層でも楽しめるアプリのデザイン方法について概要を紹介していきます。子どもの能力に応じてデザインをどう展開させるかを理解していただくため、サンプルとして、基本的な動画アプリのための似たような枠組みを数種類つくりました。動画アプリを選んだのは、どの年齢の子どもも動画が好きでよく見るからです。
　特に次のことに注意してサンプルのアプリを見てください。

◎コントロール：ユーザー・コントロールの個数やタイプ、サイズが、子どもの年齢が上がるとともにどう変化するか
◎選択肢：選択肢の個数が、コンテンツのニーズの進展とともにどう変化するか
◎単純さ：このアプリは、コンテンツや機能を増やした場合でも単純さを維持している
◎階層：対象年齢が上がるたびに、コンテンツの階層が少しずつ深くなる
◎デザインパターン：6～8歳の年齢層あたりから、一般的なデザインパターンも活用し始める

同じアプリを異なる年齢層に？

2歳から12歳までの子ども向けに1つのアプリをデザインする機会は、おそらく来ないでしょう。本書で述べてきたとおり、デジタルデザインの世界では、よちよち歩きの子どものニーズと、もっと大きな子どものそれとは大きく異なります。ですが、1つのエクスペリエンスで全ユーザーのニーズに応えなければならない状況が生じ、コンテンツやアプリを「コンテナ」の形をとったアプリのなかに収めることは、稀とはいえあるかもしれません。この「コンテナ」アプリの例としては、ゲーム機のエクスペリエンス、音声または音楽アプリ、動画プレイヤーなどがあります。このあとサンプルを使って細かく見ていきます。

　いまデザインしているものがこうしたコンテナアプリで、ユーザーに年齢を自己申告させたくない場合、単純にしすぎる方が複雑すぎるよりはましです。ニンテンドーWiiのコントローラを思い出してください。ボタンは7個だけ、アイコンはきわめて基本的で、文字による説明はありません。それでもこのコントローラを使って大人を含むすべての年齢層がさまざまな種類のゲームをプレイすることができます。もっと複雑なコントロールが必要がタスクを実行しなければならない場合は、表示あるいはプレイするコンテンツによっても異なりますが、ユーザーのニーズに合わせて選択できるように初心者用から上級者用までいくつかレベルを分けることを検討してください。選択されたレベルに合わせてコントロールの複雑さを上げればよいのです。ただし、デフォルトは初心者用にします。小さい子どもがレベルを選択しないで済むようにするためです。このアプローチは、小さい子どものやる気をくじかないだけでなく、大きい子どもや大人のユーザーにとっても、「上級者」コースを選択することで自尊心がくすぐられるという利点があります。

　なお、サンプルとして動画プレイヤーをとりあげますが、本章の目的は異なる年齢層に向けたデザインパターンの違いを示すことであって、すべての年齢層の子どもに1つで対応できるアプリのつくり方を示すことではありませんので、この点に注意してください。

2〜4歳

では2〜4歳児から始めましょう（図10.1と表10.1）。画像が大きいこと、シンプルなスクラバー［時間軸上でインジケータを動かし、その位置の音声／動画を再生させることをオーディオ用語で「スクラブ再生」という。そのタイムラインや周辺のボタン等をまとめて、ここではスクラバーと呼ぶ］、色数を抑えた大胆な配色に注目してください。

> ［TIPS｜はじめから始める］
> 5歳未満の子どもは同じ動画をはじめから最後まで何度も繰り返して見るのが好きです。小さい子ども向けにデザインする場合は、毎回、最初に戻って自動的に再生されるようにしてください。次第に連続性を好むようになりますから、6歳を超えた子ども向けには前回見ていたところに戻れるようにします。

図10.1｜サンプル用に作成した、2〜4歳児向けの動画プレイヤー。

□ 表10.1 ║ 2〜4歳児向けのランディング画面

記号	区分	説明
A	色	色数を抑え、明るく大胆な配色にする。色には、特定のコンテンツとのインタラクションを示すガイドの役割がある。文字が読めず、集中力の続かない子どもが対象の場合は特に、画面一杯に色をちりばめたくなるものだが、色が多すぎると小さい子どもは情報量の多さに圧倒され、かえって早く注意力を失ってしまう。
B	ナビゲーション	シンプルなナビゲーションを心がける。ナビゲーションの要素をくねくね動かしたり、音を鳴らしたりすると、子どもはその動きや音が本来の目的だと勘違いする。動きや音でナビゲーションに注意を惹くのは自然なことだが、小さい子どもにこれをおこなっても、ナビゲーションにタッチするのは別の動画を見るという別の目的があることを理解できない。ナビゲーションに、現在再生している動画の邪魔にならないようなサイズや色彩強度を使うのはかまわないが、アニメーションと音声は最小限にすること。
C	アイコン	2〜4歳児は抽象的に考えることができないので、アイコンやシンボルは、たとえ誰でも直観的に理解できそうなものであっても使用を避ける。ただし、何かをなぞらえた基本的な形状で、現実世界で子どもがすでに見知っているもの、たとえば矢印、星形、親指を立てる「OK」のしぐさなどであれば多少取り入れてもよい。「進む」矢印と「戻る」矢印を使って他の動画コンテンツの存在を知らせるのは、この年齢層内の上の方──3歳半から4歳ぐらい──であれば有効だが、それ以下の子どもにはおそらく理解されない。
D	動画	率直に言って、私は自動再生が嫌いだ。しかし、4歳より下の子ども向けにデザインする場合には、自動再生機能は友となる。アプリへのアクセスと、実際に動画を再生する段階との間のステップはできるだけ少なくし、子どもがアプリの目的を素早く理解して上手にスタートできるようにする。また、自動再生は親が親用の管理領域でオン／オフを切り替えられるようにする。ただし、子どもが見たいものをすぐに見て満足できるように、インストール時のデフォルトはオンにしておく。
E	スクラバー	小さい子どもはアイコンを本当には理解できていないため、基本的な再生／一時停止ボタンと、親が特定箇所に巻き戻し／早送りをしたい場合のためのスクロール式の時間軸があればよい。動画を何分間すでに視聴し、残りが何分間かを親が確認できるようなカウンターがあるとさらに便利だ。子どもはすぐに飽きて、動画の最後まで見ないことが多いので、子どもの年齢がもう少し上がるまでは全画面モードは加えなくてよいだろう。ただし、子どもを1つのエンターテインメントにどっぷり浸らせるのではなく、子ども自身が簡単に動画を切り替えられるようにしておくべきである。
F	音量	子どもはこのシンボルに気づいても無視するかもしれないが、親はこれを見つけようと躍起になる。親が機器自体のハード的な音量ボタンを探さずに済むように、音量のシンボルは動画コントロールの一部として目立つ位置に置く。こうしておけば、アプリストアのレビューで親からの高評価をたくさんもらえるはずだ。

4〜6歳

同じ動画プレイヤーを、4〜6歳児向けにデザインし直したものを見てください（図10.2と表10.2）。基本原則は同じですが、目立たないけれども重要な機能が追加されています。

図10.2 ‖ サンプル用に作成した、4〜6歳児向けの動画プレイヤーのランディング画面。

□ 表10.2 ▎4〜6歳児向けのランディング画面

記号	区分	説明
A	画面上の要素	年齢の低い子どもにはターゲットとジェスチャーを大きくしなければならないが、年齢が上がると運動能力が発達するため、画面上のより小さな要素にもより小さなジェスチャーにも比較的容易に反応できるようになる。この年齢層では、ナビゲーションの要素を小さくして、その分コンテンツ領域を広くしたり、より詳細な機能を盛り込んだりすることが可能。
B	保存と保管	この年齢層では、永続性の概念が意味を持ち始める。お気に入りの動画を好きなときに見直せるように、保存の機能を用意する。基本の機能があれば十分だが、その個人用であることを明確にし（子どもの名前にするとよい）、アプリ内のどこからでもアクセスできるようにする。
C	並び	4歳ぐらいになると、より込み入ったシナリオを理解し始めるため、いままでより物語やフローが重要になる。下の年齢層は短くまとめられた探索を好むが、この年齢層はシーケンシャル（順次的）な発見を好む。このため、子どもがエクスペリエンスをいったん抜けてアプリのナビゲーションに戻らなくても、画面から「前の動画」「次の動画」へなめらかに切り替えられるようにしておく。
D	自動再生	自動再生はこの年齢層ではオフにしてもよい。4〜6歳ぐらいの子どもは、画面上のインタラクションを自分でコントロールしたがるので、動画を再生するタイミングを自分で選べるようにしておく。シンプルな「再生」ボタンを動画画面の中央に置くだけで事足りる。ただし、標準の再生／一時停止の機能はスクラバーに用意すること。
E	お気に入り	この年齢層の子どもには、お気に入りの動画を保存し保管する能力を与えることが大切である。お気に入りに設定するシンプルなセレクターをハートかプラス記号で用意し、子どもがそこに追加できるようにする（ハートが愛を意味することを子どもも知っているので、ハート記号の方が適していると思う）。
F	拡張	この年齢層になると、動画を拡張画面（全画面）で再生する機能を導入できる。ほかに邪魔されずに、より大きくきれいに見たいと望むからである。迷子にならないように、メイン画面に簡単に戻れる方法——「戻る」矢印を隅に表示するなど——を用意しておくこと。

1つ前の図に登場した「お気に入り」を開いてみましょう（図10.3と表10.3）。

[TIPS ‖ 自動再生をやめる時期]
動画の自動再生（ユーザーがアプリを開いたら動画が自動的に再生される）は、2〜4歳児にとってはたいへん喜ばれますが、上の年齢の子どもにとっては邪魔です。4歳児は、勝手に動画が始まることに驚き、不快な気持ちになります。そのぐらいの年齢になったら、動画の再生は本人に管理させましょう。

図10.3 ‖ 4〜6歳児向けの「お気に入り」画面。

□ 表10.3 | 4～6歳児向けの「お気に入り」画面

記号	区分	説明
	オーバーレイ	「お気に入り」は、絵を使ったシンプルなオーバーレイかドロップダウンメニューに入れておくとよい。ただしこの種のインタラクションの使用には注意が必要。多数のウィンドウやドロワーが現れたり消えたりすると、子どもはすぐにいやになる。オーバーレイを開くためのタップ型の要素を用意し、また簡単に閉じられるようにしておく（たとえば、ユーザーがオーバーレイ上以外の任意の場所をタップするだけで閉じるなど）。 オーバーレイで動画のイメージをタップすると、当然、メインコンテンツ領域で動画が開く。この時点でオーバーレイはクローズすればいい。

6〜8歳

次は6〜8歳児です（図10.4と表10.4）。1つ下の年齢層より、機能性も複雑さも大幅にアップしました。学童期に入り、もっと緻密で複雑な概念に対応できるようになったからです。この年齢層にはまた、年少児とは異なり、十分な事前説明を求めるようになるという特徴もあります。これは、何かを正しくおこなうこととまちがうことの違いを強く意識しているからです。しかも、**絶対**にまちがいたくないと思っています。

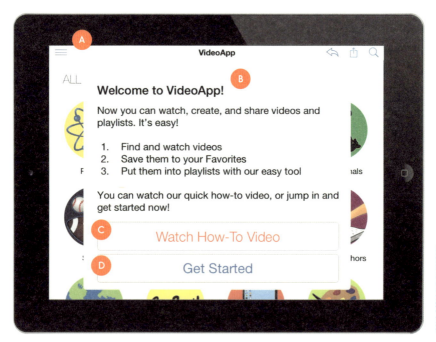

図10.4 ∥ 6〜8歳児には説明画面を出し、何をすればよいかをわかりやすく示す。

□ 表10.4 ‖ 6〜8歳児向けの説明画面

記号	区分	説明
A	ナビゲーション	この年齢層には、標準的なモバイルのナビゲーションを導入してよい。抽象性にはまだ苦労する部分があるものの、基本的なアイコンは理解でき、モバイルの主なアイコンの意味についてもすでに知っていることが多い。ナビゲーションバーの機能はなるべくシンプルにし、オプションの数も抑え、子どもをこの種のインタラクションに慣れさせること。ナビゲーションとしてここではジェスチャーも使える。
B	使用説明	アプリを始めるのに必要な使用説明を前もって提示する。大人向けの場合もそうだが、この年齢層の子どもには、コンテンツを多くしすぎず、アプリのゴール、利点、始め方の基本を示すと、子どもにとって大きな助けとなる。もう少し年齢が上がれば、こうした使用説明は読み飛ばすだろうが、この年齢層はミスをしたくないあまり説明書きを隅々まで読むものである。
C	複数フォーマットでのコンテンツ	6〜8歳児向けにデザインする場合、8歳に近い子どもは字を読めるが、6歳に近い子どもはうまく読めないことが考えられる。この問題への対応策として、使用説明を、文字と動画、あるいはアニメーションと音声など、複数のフォーマットで用意するという方法がある。これによって文字の理解度にかかわらず、子どもは何をすればいいかを知ることができる。文字方式の場合には当然、短くはっきりした言葉を使うように心がける。長めの言葉を使う場合には、子どもが簡単に意味を推測できるようなものにすること。
D	ボタン	この年齢層は、タップ型のボタンも問題なく使えるはずである。複数の選択肢の入ったメッセージをオーバーレイするときは、選択肢が明確ではっきり区別できるようにすること。たとえば、オーバーレイのなかで、「もっと読む」か「アプリを使う」を──すなわち、使用説明か実行かを──選べるようにする。どれかが選ばれればオーバーレイを閉じる。

オーバーレイをクローズしたあとは、子どもがコンテンツにすぐに入り込めるようにしておくべきです。6〜8歳児なら、大人向けに使うデザインパターンと同じものを使い始めていいでしょう（図10.5と表10.5）。

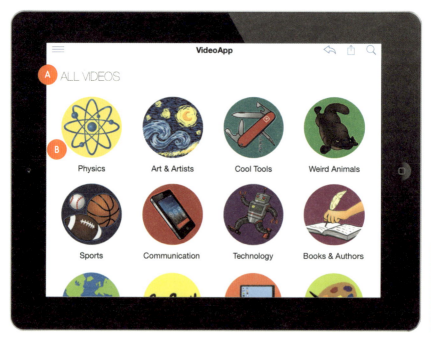

図10.5 ∥ 6〜8歳児には、大人とも共通したデザインパターンを使い始めてよい。

□ 表10.5 ┃ 6〜8歳児向けのランディング画面

記号	区分	説明
A	ラベリング	6〜8歳児向けには、ラベルの情報は多すぎるぐらいの方が適している。この年齢層は、画面上のあらゆるものについて、それが何なのか、何をするのか、そしてどう使えばいいのかをきちんと知りたがるからだ。
B	シンボル	この年齢層は、抽象思考がわかり始めるだけでなく情報理解と問題解決のために抽象思考を駆使するようになる。とはいえ、アイコンやシンボルを文字による説明と組み合わせておく方が、子どもはシンボルの意味をいっそう明確に理解できる。ここでもやはり、6〜8歳児には少ないよりは多すぎる情報の方が望ましい。

動画のカテゴリのどれかを子どもがタップすると、動画プレイヤーと動画のカタログの機能をもっと細かく紹介できるようになります（図10.6と表10.6）。6〜8歳児は、「赤ちゃんぽくない」インタフェースを喜びますが、それでも、彼らの認知能力の低さに配慮したデザインにする必要があります。

図10.6 ‖ 保存とシェアの機能を強化した、6〜8歳児向けの動画プレイヤー。

□ 表10.6 ｜ 6〜8歳児向けの動画画面

記号	区分	説明
A	一貫性	大人向けの場合でもそうだが、この年齢層向けにデザインするときには、特定のカテゴリを参照する場合の色やアイコンの扱いを引き継ぐべきである。こうすることで、子どもは場所への愛着を感じ、前後関係も理解しやすくなる。コンテンツの入れ子が深くなりすぎないように注意すること。深すぎると、この年齢層の子どもは立ち往生し、自分がいまアプリのどこにいるのか簡単には突き止められない。少し年齢が上がれば、入れ子の間を行き来したり、複数のカテゴリを横断したりできるようになる。
B	リストと目録	子どもが選択したカテゴリに、ほかにどんなアイテム（いまの例では動画）があるかを見えるようにしておくとよい。小さい子ども向けには、カテゴリごとにアイテムを1つずつ表示するか、最上部へ個々のアイテムを上昇させるとよい。小さい子どもはモノ（対象）や情報の分類がまだうまくできないからだ。これに対し、少し年齢が上がれば、秩序や構造を好み、モノがどのようにグループ分けされているかを理解できるようになる。いまの例では、「自然の仕組み（Physics）」の動画が画面右側に置かれているが、子どもは選んだ動画が「違った」と思ったらすぐに別の動画を選び直すことができる。
C	スクラバー	スクラバーに、たとえば「プレイリストに追加する」や「画面を大きくする」などの機能を追加できる。子どもはこれらの概念には慣れているので、標準のアイコンを正しく解釈できるはずである。
D	レーティング（評価）	一般的なレーティングとレビューはこの年齢層の子どもには少し早いので（彼らはレーティングがどこから来るのか、そしてなぜ自分が気にしなければいけないのかがわからず、混乱する）、動画コンテンツについての意見をシェアできるようにし、アプリのなかに保管させるとよい。いまの例では、伝統的な「親指を立てる」と「親指を下げる」のシンボルを使って子どもに動画を評価させている。こうしておくと、次に動画がリストや検索結果で現れたときに前回見たときに感じたことを思い出すことができる。
E	説明	この年齢層の子どもはコンテキスト（背景情報）が好きなので、動画それぞれに短い説明をつける（説明にナレーションをつけるとさらによい）。その動画で何を見られそうかがわかれば、子どもは「正しい」動画を選ぼうとしていることに自信を深めることができる。
F	画面外のコンテンツ	6歳児は、自分はジェスチャーインタフェースを上手に使えると思っているが、画面上のリストの下にも別の動画のあることをスクロールサインを使って知らせるとよい。これは見て子どもは、下にある動画を見たければ画面をスワイプする。

この年齢層にはスライドインメニューも効果的です。上部のナビゲーションバーにメニューアイコンやボタンを置き、スライドしたくない子どもが簡単にメニューにアクセスできるようにするのもよいでしょう。大人向けの場合にはいまはこうしたパターンから離れる傾向にありますが、意味や使い方を習得した子どもは、アプリのナビゲーションがあるものと期待します[1]。図10.7に6〜8歳児向けのメニューパネルの例を、表10.7に留意すべきポイントをまとめます。

[TIPS ウィジェットは控えめに]
6〜8歳児のデザインには、ウィジェットやアイコンを使いすぎないでください。子どもの認知能力に負担をかけ、ウィジェットなどの振る舞いの予測を子どもに強いることになります。インタフェースのあらゆる局面を完全に子どもにコントロールさせるのではなく、直観的なジェスチャーや一般的なデザインパターンによって、エクスペリエンスのなかを上手に誘導してください。

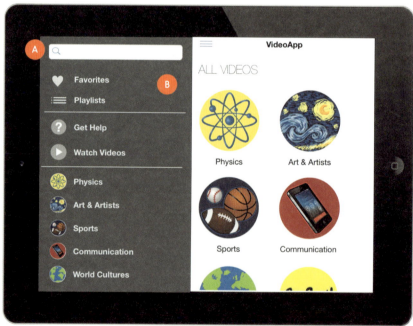

図10.7 自分のいる場所がすぐにわかる、6〜8歳児向けのメニューパネル。

□ 表10.7 ║ 6〜8歳児向けのスライドインメニュー

記号	区分	説明
A	検索	6歳ぐらいだと検索機能をたいして使わないが、7、8歳になると、特にすぐに見たい動画ある場合などによく使う。子どもは使い方をすぐに覚えるので、シンプルな入力フィールドと検索のアイコンを置くだけでよい。
B	ナビゲーション	当然、メインのコンテンツ領域と同じカテゴリアイコンを使用する。いまの例のように、アクセスできるコンテンツのタイプが複数ある場合は、こうしたコンテンツタイプを子どもがどんなふうにまとめたがるかをあらかじめリサーチすべきである。子どもの思考は大人とは違い、分類の仕方もデザイナーが予測したとおりになるとは限らない。 必要なものすべてにメニューパネルから行けるようにしておく。子どもは欲しいものをスクロールを使って探せる。彼らがいやがるのは、必要なものを見つけるためにさまざまなボタンをタップしなければならないことだ。大人はアプリ内に複数のメニューパネルがあったり、異なるナビゲーションを選べたりするのを好意的に受け取るかもしれないが、子どもはそこを拠点に何にでもアクセスできる「中心基地」的な場所を求めるものである。

1) http://thenextweb.com/dd/2014/04/08/ux-designers-side-drawer-navigation-costing-half-user-engagement/

8〜10歳

次は8〜10歳児向けです(図10.8)。見てわかるとおり、大人向けにデザインしたものとの差はかなり小さくなってきました(表10.8)。

図10.8 ▎8〜10歳児には、使用説明を最小限にとどめ、すぐに飛び込ませる。

□ 表10.8 ‖ 6〜8歳児向けのランディング画面

記号	区分	説明
A	変動する カテゴリ	8〜10歳は周りの世界に猛烈な興味を示す。使用説明を読むよりも、すぐに飛び込み、使いながら覚える方を好む。またこの年齢層は、同じインタフェースにいる他のユーザーが何をしているかが気になるようである。動画アプリであれば、「一番人気はこれ」とか「ランキング上位作品」のような、変動するカテゴリをつくるとよいだろう。アプリのランディング画面に来るたびに、(その子どもの嗜好に合うように)コンテンツが入れ替えられていると、古いアイテムを何百回も見てきた子どもは新鮮に感じてわくわくする。結果的に、以前と似たタイプの動画に戻るかもしれないにしても、コンテンツが変化する様子を見るのは楽しいことなのだ。「新着作品」カテゴリも喜ばれるはずである。
B	説明	この年齢層は、6〜8歳児ほど説明を熱心には読まないが、動画に見る価値があるかどうかを判断するため、添えられたキーワードには目を通す。特に重要なのは人気度(レーティング)である。すでに述べたように、彼らは他者の考えに魅了されるところがあるため、特定の動画に興味を持てるかどうかの判断材料に人気度を使用する。この年齢層は下の年齢層よりもニュアンスが理解できるので、人気度の表示には、下の年齢層でよく使う親指を立てる(下げる)絵のような好き／嫌いの二者択一ではなく、星の数や数字を使うとよい。
C	分類法	この年齢層は、複合的な人気度を理解できるように、複合的な分類法も理解できる。このため、流動的な「一番人気はこれ」や「ランキング上位作品」の分類だけでなく、動画本来のカテゴリ(「自然の仕組み」や「スポーツ」など)へのリンクも表示して、分類を交差させるのもいい方法である。たとえば9歳児はこの画面を見て、「一番人気はこれ」に示された動画の本来の"ホーム"は「自然の仕組み(Physics)」カテゴリであると理解するのである。

図10.9には見覚えがあるかもしれません。6〜8歳児のセクションで紹介した図10.6とほとんど同じです。ただし、わずかとはいえ違いはありますから、それを表にまとめます（表10.9）。

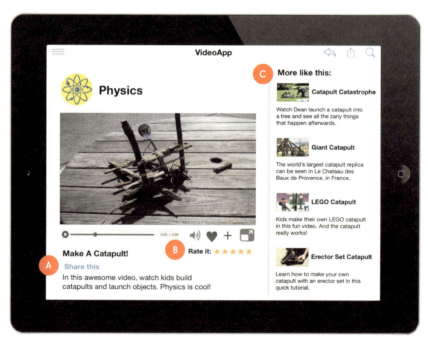

図10.9 ▍8〜10歳児は、コンテンツのシェアと評価（レーティング）を好む。

□表10.9 ‖ 8〜10歳児向けの動画画面

記号	区分	説明
A	シェア	8〜10歳児は、何かを友だちとシェアできるという考えが大好きである。この機能を組み込んでおくと、彼らにとってアプリがより個人的になり、自分の分身のように思える。特に、自分でつくったもの——動画のマッシュアップやプレイリストなど——をシェアできれば、熱意がより強まる。
B	評価（レーティング）	前のページで、人の下した人気度について述べたが、ここでは本人が評価するレーティングの重要さをとりあげる。タップ式の星や数字など、簡単で対話的なレーティング機能を組み込むことで、子どもはたいした手間なく自分の意見を発表することができる。ただし、12歳よりかなり下の子どもに作品やメディア、サイトを自由書式でレビューさせるのはやめた方がよい。罵り言葉や一語だけのぽつんとしたレビューなど無益なものが大半だからである。もっと丁寧なレビューがほしければ、多項選択式の質疑応答を用意する方法もあるが、これに価値があるかどうかはわからない。子どもは、自分が（大人のように）評価すること自体に関心があるからである。
C	動画リスト	下の年齢層の子どもには、カテゴリが同じ動画を並べたリストで用が足りる。場所の感覚と前後関係が伝われば十分だからである。だが、8〜10歳の年齢層では、自分の行動やニーズに応じたもっと個人的なリストを好むようになる。十分なデータなしにこの機能を組み込むのはむずかしいが、デザイナーにできるのは、カテゴリが同じ動画を単に並べるのではなく、その子どもが見ている動画に近いものを提示することである。そうすれば子どもは、発想や関心が似ている誰かが自分のためにあつらえてくれたコンテンツを見ている気分になれる。

図10.10は、8〜10歳児向けの「プレイリストに追加」する機能を示しています。プレイリストは、コンテンツを意図に沿って整理すると同時に、自己表現のチャンスの場でもあります。この画面の要素に関する注意点は表10.10を参照してください。

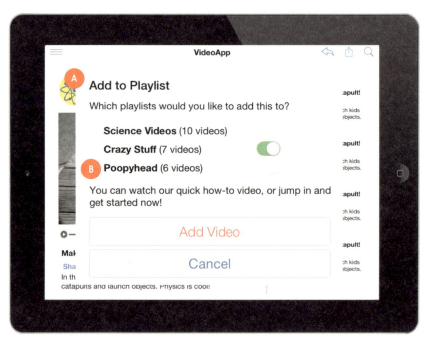

図10.10 「プレイリストに追加」の機能で、8〜10歳児は創造性を発揮する。

□ 表10.10 ∥ 8〜10歳児向けの「プレイリストに追加」画面

記号	区分	説明
A	フロー	子ども向けのページに大量のメッセージを割り込ませることはお勧めしないが（子どもの気持ちをエクスペリエンスの外に逸らすから）、何らかのオーバーレイや拡張可能なパネルのなかに下位機能として組み込むことは、すぐに混乱しがちな子どもにも効果が高い。子どもが動画プレイヤーの「プレイリストに追加」をクリックしたとき、単純なメッセージを表示してそのままどれかのリストに追加させてもよいし、この画面から新しいプレイリストをつくらせてもよい。
B	自己表現	8〜10歳は、大人や年上などの権威者に疑問を感じたり、ルールを破ったりし始める年頃だ。私は、羽目を外しすぎなければルールを破らせてもよいと考える。たとえば、子どもがプレイリストに"うんちあたま"という名前をつけたいのなら、あれこれ言わずに好きにさせればいい。むろん人を傷つける言葉や卑猥な言葉は防止しなければならないが（茶化す感じで楽しく軌道修正させられればなおよい）、ばかげたことや無害の自己表現は、大歓迎とまではいかなくても、少なくとも悪いことではない。

6〜8歳児とは異なり、8〜10歳児は使用説明を読みませんし、読んだところで従いません。つまりデザイナーは、操作方法を指示するのではなく、エラーメッセージを使わざるをえません（図10.11と表10.11）。

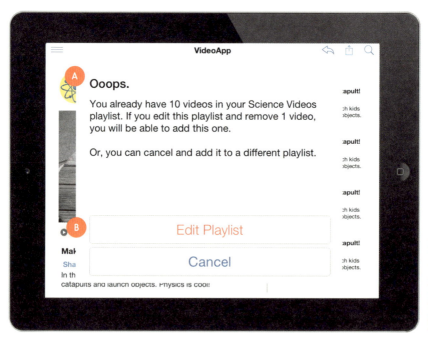

図10.11 ║ 適切なエラーメッセージを通じて、8〜10歳児にアプリの使い方を教える。

□ 表10.11 ｜ 8〜10歳児向けのエラーメッセージ

記号	区分	説明
A	エラーの状況	このアプリを大人向けにデザインしているのなら、プレイリストがすでに満杯であれば、前の画面の段階で動画追加のオプションをユーザーに提示しなかったはずだ。しかし、このやり方は8〜10歳児に適さない。使用説明をほとんど読まないので、画面上にプレイリストが現れない理由がわからず、不安になるからだ。この年齢層は試行錯誤しながら学習するため、デザイナーからエラーメッセージには通知と教育という2つの役目がある。 メッセージは親しみやすく陽気な雰囲気にし、何がまちがっていてどうすれば直せるかを具体的に提示する。
B	誤りの修正	エラーメッセージを通じて子どもにアプリの使い方を教えるのと同時に、元に戻って"誤り"を正す道を画面上に必ず用意しておく。いまの例の場合は、子どもに、選択したプレイリストを編集するオプションを与え、プレイリストから消せるものを消させたうえで、再度、彼らの選んだ動画を追加できるようにする。

この年齢層の子どもが友だちとアイテムをシェアすることが好きだということはすでに触れました。その機能を安全に、かつ子どもを惹きつけるようにつくる方法をここで紹介します（図10.12と表10.12）。

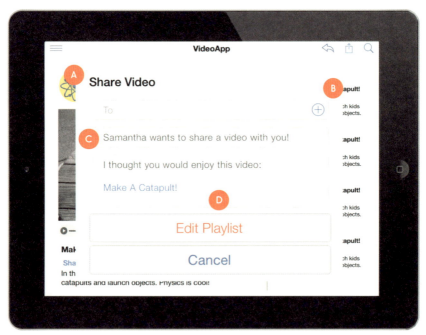

図10.12 ▏楽しく安全にシェアする、簡単な動画共有機能の例。

□ 表10.12 ∥ 8〜10歳児向けの動画共有の画面

記号	区分	説明
A	フォームのデザイン	余計な飾りを排し、できるだけシンプルにすること。この年齢層は、タブレットやモバイルのキーボードに慣れていることが多いが、モバイル機器でデータを入力するのはわずらわしいので、入力する文字数は少なめにする。
B	コンタクト（連絡先）	この年齢層の子どもには、電子メールかテキストメッセージでコンテンツをシェアさせてよい。自分の電子メールアカウントを持っていない者が多いが、モバイル機器またはiPod Touchでメールを送ることはできる。どのメカニズムを使うにしても、子どもがシェアできる相手は、機器のコンタクトリストにある人だけに制限すべきである。こうすることで、見知らぬ人と誤って接触し、無意識に個人情報を知られてしまうリスクを減らせる。
C	タイトル	データ入力の量を少なくするため、「この動画を見て」のような一般的なタイトルを自動入力するとよい。もちろん、MMSサービスを使ってメッセージを送る場合は、タイトル行は必要ない。
D	メッセージ	この欄も自動入力しておくとよい。子どもは何も追加する必要はなく、動画のシェアと次の動画に進むことだけに集中できる。

10～12歳

最後に、10～12歳児を対象とした画面を見てみましょう。この年齢層はアプリのかなり高度なユーザーであり、大人に近い認知能力を備えています。そのため、デザイナーはラベルやナビゲーションや画面の構造やコンテンツ戦略などでいろいろおもしろいことができます。ここではランディング画面の構成について軽く触れるにとどめます（図10.13と表10.13）。

> ［TIPS║選択させ、探索させる］
> 10～12歳児向けのアプリは大人用のデザインとよく似ているように見えますが、認知能力にしても感情にしても、この年齢層独特の発育段階にあることをデザイナーはやはり意識する必要があります。適切なレベルで選択し、探索していける道を用意し、子どもが関心のある分野に集中して自分流にアレンジできるようにします（詳細は第8章を参照してください）。

図10.13║10～12歳児向けのアプリには、ロバストなコンテンツ戦略と階層を組み込める。

□ 表10.13 ∥ 10〜12歳児向けのランディング画面

記号	区分	説明
	コンテンツ戦略	この年齢層にはより細かく複雑な階層を構築できる。低い年齢層の子どもに比べれば、コンテンツの量も格段に増える。最上位階層で別のコンテンツレベルを作成すると、わかりやすい分類を維持したままでユーザーはより多くの動画により素早くアクセスできる。 また、この最上位階層に個人のコンテンツ構造とシステム階層を組み合わせてもよい。この構造によって子どもは、アプリをより身近に感じ、自分のニーズに応えてくれる便利なものだと認識してくれる。

章のチェックリスト

特定の年齢層の子ども向けにデザインする場合は、以下の点に注意してください。

デザインは次の項目に対応していますか？

- □ 自動再生機能を使うのは4歳より下の子どもにとどめていますか？
- □ 子どもの年齢に合った適切な機能を用意していますか？
  - ◎ 2〜4歳児──スクラバーと再生のシンプルなコントロール
  - ◎ 4〜6歳児──お気に入りを保管する機能
  - ◎ 6〜8歳児──保存とシェア
  - ◎ 8〜10歳児──レーティングとレビュー、プレイリスト
  - ◎ 10〜12歳児──複雑なナビゲーション、ソート、フィルタリング
- □ 子どもの学習の仕方に合ったメッセージ戦略を策定していますか？
- □ 対象の子どもの年齢および認知能力に応じて、事前の使用説明か、フォローアップ情報のどちらかを表示していますか？

オードリア、7歳

第11章

全体のまとめ
PUTTING IT ALL TOGETHER

まずは質問を通じて ………………… 216
次に、デザインの細かいこと ………… 218
いよいよ稼働へ ……………………… 221
子どものためのデザイン
　……そしてその先に ……………… 223

最後の第11章では、まとめのチェックリストを掲載します。子ども向けのすばらしいデジタルプロダクトをつくろうとしている努力が実を結ぶように、このチェックリストを役立ててください。前章までに扱った内容すべてを盛り込みますが、特に、サイトを魅力的にし、アプリを立ち上げるのに不可欠な情報に的を絞ります。ここで挙げるリストは、「基本」の確認に役立ちます。基本を確認したうえで、前の章までに学んできた技法を実践することに時間と労力を注入してください。

まずは質問を通じて

最初のチェックリストは、質問に答えることで、あなたのサイトまたはアプリの「なぜ」「誰に」「何を」を理解するためのものです。これらは特にアプリをデザインしている場合に重要です。プラットフォームのアプリストアではこの情報を求められることがよくあるからです。

なぜ？

◎このサイト／アプリをなぜつくるのですか？
◎サイト／アプリをつくるゴールは何ですか？　金銭的利益ですか？　別のことですか？
◎プロダクトを利用する子どもに何を感じてほしいですか？
◎利用した子どもが友だちにプロダクトをどんなふうに説明してほしいですか？
◎現在、似たようなプロダクトがすでに出ていますか？　あなたのプロダクトとの違いは何ですか？
◎プロダクトの「エレベーターピッチ」は何ですか？　上の質問項目の内容がすべて含まれていますか？

> [NOTE ‖ エレベーターピッチ]
> エレベーターピッチとは、プロダクトの最も重要な部分を簡潔に（エレベーターを下りるまでの1分程度の時間で）説明することです。優れたエレベーターピッチには、プロダクトのゴール、対象顧客、ユニークな価値提案のほか、プロダクトを実際に使うユーザーと機能の概要が盛り込まれています。オードリー・ウォッターズがreadwrite.comに「The Art of the Elevator Pitch（エレベーターピッチの極意）」のタイトルですばらしい論文を寄せています[1]。完璧なエレベーターピッチのためにすぐに役立つヒントがありますから、参考にしてください。

誰に?

◎誰のためのプロダクトですか?
◎ターゲットの年齢／関心分野／アクティビティは何ですか?
◎認知能力や、身体的および技術的能力の面で、どのレベルの子どもをターゲットにしていますか?
◎子どもからどのような感情あるいは反応を引き出したいですか?
◎ユーザーの親はデザインに何を期待しますか? PTR［下のコラム参照］はどこにありますか?
◎プロダクトを使う子どものどのような姿が心に浮かびますか? 1人ですか? 誰かと一緒ですか? 親ですか、仲間ですか、学校の先生ですか?

> ［NOTE ∥ PTR（親が我慢できる限界点）］
> 第2章で述べたように、PTRは、あるサイト／アプリを親が受け入れられるかどうかを分ける境界線です。コンテンツやイメージやアクティビティが度を超えないようにする物差しです。

何を?

◎どのチャネル（ウェブ、レスポンシブ、モバイル、その他）に適したデザインですか?
◎子どもが実行できる主なタスクあるいはアクティビティは何ですか?
◎それはどのように動作しますか? どのような特徴と機能が組み込まれますか?
◎プロダクトはゲームですか? どのようなプレイの機会が組み込まれますか?
◎デザイン全体を貫く物語はどのようなものですか? どのようなフローですか?
◎そのサイト／アプリを子どもが使用する場所はどこでしょうか? 使用する状況はどのようなものですか?
◎そのサイト／アプリをどこでどのような形で市場に出しますか?

自分が「何を」「どういう理由で」「誰のために」デザインしているのかを十分に理解してから、リサーチおよびデザイン作業に着手してください。実際のデザイン作業やコーディングを自分ではおこなわない人は、こうしたプロセスを手伝ってくれ

1) http://rfld.me/1n2cKn4

るパートナーを早いうちに見つけてください。はじめから彼らの専門知識を借りて、フィージビリティ［プロダクトの実現可能性］や所要期間、コストについての助言を得ることができます。パートナーの心当たりがない場合は、デザインおよび開発の能力を持つ人を探せるサイトがいまは数多くありますので、参考にしてみてください。アメリカなら、elance.comやiFreelance.comがよく利用されています。また、LinkedInなど、ソーシャルネットワークを通じて誰かを推薦してもらう方法もあります。

次に、デザインの細かいこと

この節では、デザイン作業の開始にあたって検討しなければならない、デザインの細かい点について説明します。デザイン全体で一番手間のかかるところですから、多めの時間を確保しておきましょう。検討事項としては以下のものがあります。

◎ナビゲーションとウェイファインディング（目的地へのわかりやすい誘導）
◎デザインパターン
◎データ収集
◎コミュニティとソーシャル
◎広告

ナビゲーションとウェイファインディング
◎デザインのなかを子どもはどのように移動し、進んでいきますか？
◎はじめの場所にどのように戻りますか？
◎いま、そのサイト／アプリのどこにいるかをいつでも知ることができますか？
◎ナビゲーション要素は適切なタイミングで適切なレベルのフィードバックをおこないますか？
◎わからないことがあるときに子どもはどのようにヘルプを受けられますか？
◎エクスペリエンスのなかから簡単にアクセスできる、親向けの場所がありますか？
◎探索と発見を導くためにどのような準備をおこないましたか？
◎直線的なフローをつくる際に、迂回経路もつけましたか？

デザインパターン
◎ターゲットとする年齢層に向けて、ナビゲーション、フィールド、コンテンツ、レイアウトのデザイン技法に一貫性を持たせていますか？
◎ターゲットの年齢層に合った色使いをしていますか？
◎ユーザーは、あなたのパターンのライブラリにあるアイコンとシンボルの意味を理解し、使いこなせますか？
◎音声をどのように使いますか？ エクスペリエンス内でユーザーを移動させるきっかけに音声を使用しますか？
◎デザインのすべての要素が、子どもが使い方を理解しやすいようにつくられていますか？ かえって邪魔になる無駄なものはありませんか？
◎エクスペリエンスを単純にし、よりなめらかにつながるようにするために何ができますか？

データ収集
◎13歳未満の子どもから個人を特定できる情報を収集する予定ですか？ それをどのように使用しますか？
◎入力フォームは、ユーザーの読解力、タイピング能力、認知能力に最適化されていますか？
◎データ収集のための仕組みに、状況に即したヘルプが用意されていますか？
◎データ収集の価値提案がエクスペリエンスで明確にされていますか？ データを提供した子どもにどのような見返りがありますか？
◎子どもが面倒なパスワードやログイン情報を覚えなくて済むように、どのような準備をしましたか？
◎COPPA（児童オンラインプライバシー保護法）に準拠していますか？
◎データを収集する理由を親に向けて説明していますか？
◎親のオプトイン（事前許可）を適切に得ていますか？
◎個人情報保護方針をわかりやすくまとめ、それをエクスペリエンスのなかから参照できるようにしていますか？

コミュニティとソーシャル

◎その環境内で子ども同士がコミュニケーションをとることができますか？　その方法は？

◎報告書を受け取って問題の解決にあたるモデレーターを配置しますか？

◎そのモデレーターは、サイトに投稿されたメッセージを掲示前にすべてレビューしますか？　それとも子ども同士が直にコミュニケーションをとれますか？

◎参加のルールは明確で柔軟性があり、無理なく守れるものですか？

◎自由なチャットをおこなえますか？　その場合、親の同意を得る適切な仕組みを用意していますか？

◎個人情報保護方針はどのようなものですか？　エクスペリエンスのどの場所で確認することができますか？

◎子ども（または親）は、問題のある行為を見つけた場合にどのように報告しますか？

◎子どもが他者とのコミュニケーションばかりに没頭しないように、創造、保存、共有のアクティビティを適切な比率でプロダクトに織り込んでいますか？

広告

◎あなたのサイトには広告を載せますか？

◎プロダクト内で広告の許可を出すのは誰ですか？

◎広告のターゲットは子どもですか、親ですか？

◎広告が子どもをターゲットする場合、サイトの実際のコンテンツと広告のコンテンツを明確に区別していますか？

◎広告に関してCARU（子ども広告審査機関）の提言とベストプラクティスに従っていますか？

◎アプリをデザインする場合、プラットフォームのアプリ内購入あるいは広告の指針に沿っていますか？

◎アプリ内購入では、パスワードまたは親の識別コードを求めますか？

◎アプリ内購入またはその勧誘をオフにできる権限を親に与えていますか？　そうでない場合、子どもが親の同意なしに勝手に購入しにくい仕組みになっていますか？

いよいよ稼働へ

サイト／アプリのデザインとコーディングが終わり、各種テストも終了したら、子どもに使ってもらう段階に入れます。

ここで、プロダクトを稼働させるときの諸管理に役立つチェックリストをまとめます。

ウェブサイトの場合

サイトをデザインしている場合は、ホストとなるドメインサーバとURLを用意する必要があります。安価な月額料金でURLとドメインのホスティングをセットアップしてくれる事業者もたくさんあります。一般に使い勝手はよく、サイトのアップロードや、URLへの誘導、サイトの監視、コンテンツやデザインの変更なども、事業者の指示どおりに手順を踏むだけで済みます。

サイトを立ち上げる際のチェックリストは以下のとおりです。ここに挙げるのは基本ばかりですから、さらに詳しく知りたい場合には、グーグルのウェブマスターアカデミーなどを参考にしてください[2]。

◎サイトに誤字脱字がないか、文法や宣伝文句がまちがっていないかをチェックしましたか？（ロレム・イプサム［正式な文章ができ上がる前に仮に使用するダミーテキスト］がどこかに残った状態でサイトを立ち上げるほど恥ずかしいことはありません）。
◎短く、入力しやすく、覚えやすいドメイン名を選びましたか？
◎ドメイン名は登録済みですか？
◎サイトのホスティングサービスを整えましたか？
◎複数のブラウザでサイトをテストし、どこでも適切に動作することを確認しましたか？
◎デザインしたのがレスポンシブサイトの場合、複数の機器でテストしましたか？[3]
◎検索エンジンに合わせてサイトを最適化しましたか？[4]

---

2) https://support.google.com/webmasters/answer/6001102
3) http://alistapart.com/article/responsive-web-design/
4) https://support.google.com/webmasters/answer/35291?hl=en

ゲームとアプリ

アプリを作成した場合は、プラットフォームのアプリストアに登録する前に以下のことをチェックする必要があります。

◎アプリの内容、対象ユーザー、目的など、アプリの基本情報を知らせると同時に、使ってみたいと思わせる説明文を準備しましたか？
◎マーケティングに利用する重要な場面のスクリーンショットを何枚か撮りましたか？
◎親にわかりやすくまとめた個人情報保護方針に、アプリの説明文からリンクできますか？
◎ユーザーの検索にヒットしやすい、アプリのタグとキーワードを特定しましたか？
◎アプリを国外のユーザーにも展開する場合は、アプリの文言すべてをその国で使われている言語に翻訳しますか？
◎テスト参加者（子どもと親の両方）から収集した感想や意見は、アプリの市場化に活用できますか？
◎ユーザーをアプリに導くための情報サイトをセットアップしましたか？

[TIPS│アプリストアへの登録]
アプリの登録についてのルールや方針はプラットフォームごとに違います。こうしたルールを十分理解したあとで、アプリの登録とレビューの受け付けに進んでください。プラットフォームには詳細な情報が提示されていますから、それをよく読めば、作業の方向性が適切かどうかを確認できます。開発したプロダクトの詳しい登録方法については、以下のサイトも参考になります。
◎アップル iOS アップストアでの配布について
https://developer.apple.com/support/appstore/
◎グーグルプレイについて
http://developer.android.com/distribute/index.html
◎ウィンドウズストアについて
http://msdn.microsoft.com/en-us/library/windowsphone/

[NOTE│グーグルプレイへの登録]
アプリをアンドロイド端末用としてグーグルプレイに登録する場合、アップルストアの場合と比べて手続きははるかに簡単です。登録手数料は25ドルです。手続きが完了したら、「公開する」ボタンをクリックするだけで、あなたのアプリが動き始めます。実に簡単です！

子どものためのデザイン……そしてその先に

ここまで読んでこられたのなら、子ども向けサイト／アプリをデザインするのに必要な要素について知識を増やされたことと思います。運動能力も認知能力も未発達、字もまだ読めない幼子から、高度な問題解決能力と演繹的推理能力を備えた複雑なプレティーンまで、さまざまな年齢層の様子を見てきました。6歳児向けのデザインと9歳児向けのデザインがどんなふうに違い、どうしてそうなるのかを理解できているはずです。また、子どもの年齢に一番合ったリサーチ方法を素早く判別することもできます。

ただし、すぐに子どものためのデザインをする状況にない方も多いことでしょう。あなたはデザイン事務所に勤務してさまざまなクライアントのさまざまなプロジェクトを手がけるデザイナーでしょうか？ それとも、金融サービスやeコマースや製薬の会社で、社内のサイトやアプリをデザインしている方でしょうか？ もしかしたら、まったくデザイナーではなく、教育やクライアントサービス、営業、あるいはマネジメントに所属している方かもしれません。皆さんにお尋ねしたいです。あなたのいまの立場で、本書の情報はどのように利用できそうですか？ 子ども向けデザインの知識が、日常の業務のなかでの人との関わり方にどう影響するでしょうか？

年齢を重ねてどれだけ"成長"しようと、遊びたいという気持ちが私たちから消えることはありません。たとえば私の父は、見識豊かで人望の厚い医師でしたが、自分のPCのオペレーティングシステムをよく"うっかり"消していました。"ちょっといじってみて"、そのあとどうなるかを見たかったからです。行動を通じて学びたいという欲求、何か"おもしろいこと"に熱中したい気持ち、手と頭を使って何かをやってみる楽しさは、生涯を通じて人が持ち続けるものなのです。

アップルiOSアップストアへの登録

アップルiOSアップストアにアプリを登録したい場合、手続きがかなり厳格で、従わなければならないルールがたくさんあります。項目の記述に不備があったり、手続きのステップを飛ばしたりすれば、アプリの登録が拒否される事態になるでしょう。以下に基本的な注意事項をまとめます。

1 ‖ iOSアプリを開発するには、iOSデベロップメントセンターからアップルデベロッパーアカウントを取得しなければなりません。このアカウントによって、アップストア内にあなた用のビジネス区域がつくられ、有料アプリが売れれば代金が支払われることになります。あなた(あるいは同じチームの開発者)がアプリのプログラミングを開始するには、Xcodeのインストールが必要です。

2 ‖ アプリのコーディングが完了したら、アプリの説明文をつくります。これは、ユーザーがアップストアからあなたのアプリにアクセスしたときに表示されるものです。アプリの内容、対象ユーザー、目的などを簡潔にまとめてください。要するに、ユーザーにそのアプリをダウンロードしたいと思わせる内容にするのです。

3 ‖ 次に、アプリの見た目や内容や動作の雰囲気がよくわかるスクリーンショットを数枚撮ります。

4 ‖ そのアプリが子ども向けなら、オンラインの個人情報保護方針を組み込み、アプリの説明文およびアプリ自体からリンクできるようにしてください。読むのは主に親ですから、アプリがプライバシーおよび安全性の確保のためにとる対策を明確に伝えてください。

5 ‖ 次に、アプリと関連の深いタグとキーワードを決めます。アップストアで誰かがそのキーワードで検索したときに、アプリが検索結果として

確実に表示されるようにします。

6 ‖ ターゲットのユーザーはすでに決まってるはずですが、ほかに検討すべき項目がいくつかあります。
◎そのアプリをどの国で公開しますか？ 英語が第一言語でない国で展開する予定なら、これまでの手順で決めたアプリの説明文とキーワードを翻訳しなければなりません。言語ニーズの異なるユーザーをターゲットにする場合、必要に応じて1つの国のなかで複数のバージョンの説明文を登録することができます。
◎言語の異なる複数の市場でアプリを公開するのであれば、アプリ自体のすべての文言を翻訳する必要があります。

7 ‖ 最後に、アプリを動作させるiOSのバージョンを特定し、アプリ登録時にこの情報を明記します。

アプリを登録したあとは、受理されたかどうかの結果がわかるまでにだいたい2週間ほどかかります。あなたのアプリが問題なく登録されるように、事前にアップストアのアプリケーション審査ガイドラインを丁寧に読んでおいてください。

大人指向のプロダクトを展開している企業でも、彼らのユーザーを惹きつけるため、この本に書かれているアイデアのいくつかを実践し始めています。たとえば私の好きな『ビブリオン・フランケンシュタイン(Biblion Frankenstein)』。ニューヨーク公共図書館が発行しているこのすばらしいサイトは、文芸評論や解説、さらに蔵書のなかの非常に珍しい本——どう見ても子ども向けではありません——を、雰囲気にどっぷり浸れるエクスペリエンスのなかで展示しています。このアプリのクリエイターは、進歩や達成感、探索、発見などをユーザーに与える技法を駆使し、遊びを通じて学びたいという私たちが生まれながらに持つ欲求を活かしているのです。

図11.1 ┃『ビブリオン・フランケンシュタイン』は、子ども向けのデザインの原則を使って、大人向けのすばらしいアプリをつくり上げた。

どうか、どんどん子どものために、そして大人のためにデザインしてください。皆さんのすばらしいデザインと出会うのが、私は楽しみでなりません。

索 引

英・数

CARU（子ども広告審査機関）126
COPPA（児童オンラインプライバシー保護法）の規定 106
『DigitZ』097
『DIY』のウェブサイト 005-006
『DIY』の親の同意 136
EULA（使用許諾契約書）134
『KiK メッセンジャー』157
『PBS キッズゴー！』092
PTR（親が我慢できる限界点）026-027, 217
『Yik Yak』157
『Zoopz』082-083
2～4歳
　アプリ 188-189
　色 050-051
　絵とアイコン 056-060
　音の合図 060-063
　ケーススタディ 067-068
　視覚要素のふるい分け 046-049
　性別認識 063-065
　前景と背景の区別 054-056
　タッチ・インタフェース 051-052
　振る舞いと態度 044-045
　ランディング画面 188-189
2～6歳
　インタビュー 171
　前操作段階 038
　デザインリサーチ 168-172
3つの山の課題 038-039

4～6歳
　アプリ 190-193
　「お気に入り」画面 192-193
　勝ちと負けの概念 081-082
　ケーススタディ 086-087
　ゲームのなかの学習 077-079
　社会性をもったデザインの要素 074-077
　自由度の高いアクティビティ 082-083
　フィードバックと強化の要素 080-081
　振る舞いと態度 074-075
　やりがいの要素 082-083
　ランディング画面 190-191
　「レベルを下げる」という罠 080
4つのA
　吸収 018-020
　構築 024-025
　評価 025-027
　分析 021-024
6～8歳
　アプリ 194-201
　永続性の概念 095
　外界の影響 090
　缶詰チャットのデザイン 106-107
　ケーススタディ 110-111
　スライドインメニュー 200-201
　説明画面 194-195
　説明しない 093-094
　デザインリサーチ 172-175
　動画画面 198-199
　匿名性 107-108
　振る舞いと態度 090-091
　報酬の体系 103-104

保存、保管、共有、収集の概念 095-099
　　見知らぬ人は怖ろしい 103-106
　　ランディング画面 196-197
　　ルールの概念 100-103
　　レベルアップのデザイン 091-092
7〜11歳、具体的操作段階 040
8〜10歳
　　アプリ 202-211
　　嘘についての考え方 133-136
　　エラーメッセージの画面 208-209
　　共有の画面 210-211
　　ケーススタディ 140-142
　　広告の対象 126-128
　　自我の目覚め 120
　　信頼の問題 131
　　段階的な操作指示 122
　　動画画面 204-205
　　複雑度の高いデザイン 124-126
　　振る舞いと態度 120-121
　　「プレイリストに追加」画面 206-207
　　無敵感 116
　　ランディング画面 202-206
8〜12歳、デザインリサーチ 176-178
10〜12歳
　　アプリ 212-213
　　演繹的推理 148
　　携帯電話の使用 154-155
　　ケーススタディ 160-161
　　個性を重視したデザイン 156-158
　　個性を称える必要性 155-156
　　自己発見 155
　　匿名チャット 157
　　振る舞いと態度 146-147
　　ランディング画面 212-213
12歳〜、形式的操作段階 041

あ

アイコン 058-059
アイテムを収集するアクティビティ 095-099
アルバート・アインシュタイン 033
遊びか勉強か 010-012
アップル iOS アプリストアでの配布 222, 224-225
『アドベンチャー』016
アフォーダンス 034
アプリ
　　4〜6歳 190-191
　　6〜8歳 190-197
　　8〜10歳 198-207
　　10〜12歳 212-213
　　2〜4歳 188-189
　　危険 157
　　コンテナ 187
　　ストアへの登録 222
『アングリーバード』011, 124-125
アンケート調査 178
『アンジェリーナはバレリーナ』047-049
イースターエッグ 016
一貫性 015-016
色による表現 050-051
『インスタグラム』146, 152, 160-161
インターネット
　　テクノロジーの進歩 005
インタビュー 171
インフォームド・コンセント 167-168
『ウィスパー』157
ウィンドウズストア 222
ウェイファインディングとナビゲーション 218
『ウェブキンズ』011, 095-097, 105-107, 137-138
ウェブサイトの立ち上げ 221
嘘についての考え 133-136

『エバーループ』132-133
エミル・オヴマール 069-071
エラーメッセージと確認メッセージ 122-124
エレベーターピッチ 216
演繹的推理 148
『エンチャンテッド・ラーニング』のウェブサイト 004
『エンドレスアルファベット』086-087
音の合図 060-063
おまけ 017
『オメグル』157
親が我慢できる限界点(PTR) 026-027, 217
親子セッション 170
『女の子の脳 男の子の脳』(リーズ・エリオット) 063

か

会員規約 134
外界の影響 090
『カイユ』047-048
科学技術オンラインエシックスセンター 167
可逆性 040
確認メッセージとエラーメッセージ 122-124
『カタパルトカオス』122-123
カタリーナ・ボック 180-183
勝ちと負け 081
感覚運動段階(認知発達理論) 036-037
観察調査
　参加者 019
　フローチャートの例 022-023
缶詰(定型の)チャット 106-107
危険なアプリ 157
帰納的推理 040
『キャンディスタンド』134-135
吸収セッション 018-019
強化の要素 080
共有 098-099

『恐竜のチェス』078-079
『キングダムラッシュ』147-148
均衡化 035
グーグルプレイ 222
具体的操作段階(認知発達理論) 040
『クラブペンギン』011, 100-102, 106
クリック音 061
形式的操作段階(認知発達理論) 041
携帯電話 154-155
ケーススタディ
　2〜4歳 067-068
　4〜6歳 086-087
　6〜8歳 110-111
　8〜10歳 140-142
　10〜12歳 156-157
ゲーミフィケーション 103
研究所でのリサーチ 177
『元素図鑑』152-153
広告 126-128, 220
構築 024-025
構築主義の概念 129-130
行動-報酬の体系 103
『ゴールドフィッシュ・ファン』122
個性、活かすデザイン 151-153
子ども広告審査機関(CARU) 126
子ども向けと大人向けのデザインの対比 012-015
コミュニケーション・アンド・メディア協議会 006
凝りすぎない 080
「コンテナ」アプリ 187

さ

『サゴミニサウンドボックス』060
『サゴミニサウンドボックス』060-062
『サルサ』のウェブサイト 003

参加者
　観察調査 019
　デザインリサーチのための見つけ方 167
シーモア・パパート(構築主義の理論) 130
シェマ 033-034
「ジェムハント」 096
『ジェリー・カー』 124
自我の目覚め 120
自己中心性 038
自己発見 151-153
実世界とのつながり 096
失敗 121-124
師弟モデル 166
『ジャイアントハロー』 154
社会性のデザイン要素 074-077
ジャン・ピアジェ
　3つの山の課題 038
　　知能テストの分析 032
　　認知発達理論 033, 036-041
『ジャングル・ジャンクション』 063
自由度の高いアクティビティ 082-083
衝動抑制 014
初期表象的思考 037
人口統計学的情報の収集 134
親和図法 021
吸いつき反射、幼児 31-32
『スースヴィル』 076
『スクラッピー』 150-152
『スターウォーク』 156
『ストーリーバード』 098-099
『スナップチャット』 146
『スマック・ダット・ガグル』 050-051
『スワンピーのお風呂パニック』 011
性別認識 063-065, 137-139
説明しない 093-094
前景と背景の区別 050-051
前操作段階(認知発達理論) 038-039
旋律 061

た

タッチ・インタフェース 051-052
『ダニエル・タイガーのネイバーフッド』 053
『誰のためのデザイン?』(ドナルド・ノーマン) 034
段階的な指示 122
『タンクヒーロー』 138
誕生〜2歳(感覚運動段階) 036-037
チャット
　缶詰(定型の) 106-107
　匿名 157
抽象思考 041
調節 034-035
データ収集 219
テクノロジーの進歩 005
デザインリサーチ
　1対1のセッション 176
　2〜6歳 168-172
　6〜8歳 172-175
　8〜12歳 176-178
　アンケート調査 178
　インフォームド・コンセント 167-168
　親子セッション 170
　ガイドライン 164-167
　学校の環境での観察 176-177
　研究所でのリサーチ 177
　参加者の見つけ方 167
　師弟モデル 166
　予定 166
デザイン作業
　一般的な質問(なぜ、誰に、何を) 216-218
　広告の対象 220
　ソーシャルコミュニケーション 220
　データ収集 219
　デザインパターン 219
　ナビゲーションとウェイファインディング 218

デジタルデザインのフレームワーク
　吸収 018-019
　構築 024-025
　評価 025-027
　分析 020-024
同意書 167-168
『ドゥードゥルジャンプ』124
同化 034
登録ページ 134-137
『トーキングカール』016
『ドークダイアリー』シリーズ 141
匿名性の概念 107-108
匿名チャット 157
特化したアプリ 154-155
『トッカ・トレイン』071
『トッカ・ハウス』012-013
『トッカ・バンド』070
『トッカ・ヘアサロン』070
トッカ・ボッカ社 069-071
ドナルド・ノーマン『誰のためのデザイン?』034

な

ナビゲーションとウェイファインディング 218
ナレーション 061
ニコロデオン 127-128
『ニックジュニア』057
認知制御系 014
認知発達理論 033
　感覚運動段階 036-037
　具体的操作段階 040
　形式的操作段階 041
　前操作段階 038-039

は

『バービーガールズ』107
ハイスコア 097-098
『ハンディ・マニーのワークショップ』055-056
ビープ音 061
『一人から始めるユーザーエクスペリエンス』
　(リア・バーレイ)164
『ビブリオン・フランケンシュタイン』225-226
評価 024-026
『ビルダーズアイランド』(レゴクリエイター)094
フィードバック
　強化の要素 080
　子ども向けと大人向けのデザインの対比
　　012
『フィズィーのランチラボ フリースタイルフィズ』
　092
フェイスブック 134-136
『フォトグリッド──コラージュメーカー』
　152-153
フォローアップのメッセージ 124
複雑さの要素 124-126
『フラッフ・フレンズ・レスキュー』140-141
『プラネットオレンジ』103
『プラント vs. ゾンビ』124-125
振る舞いと態度
　2〜4歳 046-047
　4〜6歳 074-075
　6〜8歳 090-091
　8〜10歳 120-121
　10〜12歳 146-147
分析 020-024
報酬の体系 103
『ポケットフロッグス』125-126
保存性 039
『ポップトロピカ』093

ま

マイク・クニアフスキー『ユーザ・エクスペリエンス──ユーザ・リサーチ実践ガイド──』164
『マインクラフト』124
負け 081
『マシナリウム』149-150
無敵感 120
モノの永続性の段階 037
問題解決 041
　4〜6歳児け 083-084

や

やりがい 012-013
『ユーザ・エクスペリエンス──ユーザ・リサーチ実践ガイド──』(マイク・クニアフスキー) 164
幼児と吸いつき反射 033
余計な驚き 016
予定を教える 166
呼び鈴の音 061

ら

リア・バーレイ『一人から始めるユーザーエクスペリエンス』164
リーズ・エリオット『女の子の脳 男の子の脳』063
『リトル・ピム・スパニッシュ』055-056
リネット・アテイ（プレイウェル社社長兼創業者）112-116
ルール、その概念 100-104
『レゴ ミニフィギュア』067-068
レベルアップするデザイン 091-092
『ロブロックス』128-131
論理
　帰納 040
　認知発達の形式的操作段階 041

謝辞

まず、過去何年もの間、リサーチに協力してくれたすべての子どもたちに特大の感謝を贈ります。もう大人になった人もいるし、私にどれほどたくさんのことを教えてくれたのか気づかないままの人もいるでしょうね。そして、この本のためのインタビューに答えてくれた子どもたち―ノア、サマンサ、アンディ、アイリス、アレクサ、本当にありがとう。

　私の両親バーバラとステファン・レヴィン、兄で医師のマイケル・レヴィン。いつも変わらぬ愛と支えと笑い声に。そして私を笑わせてくれることに。あなたがたがいなければ、いまの私はいないわ。ずっと大好きよ。

　すばらしい親戚の皆さん―ステファニー、アンディ、ノア、アーリーンおばさん、バリーおじさん、ルシルおばさん、エドおじさん、アイリーン、アーティー、エリック、ロビン、ジル、マックス、ライアン、モリー、カミー、ジョシュ、スコット、シェリーに、感謝と愛を。

　ニコル・リッテンハウスの励ましと信頼と気遣いに。あなたのおかげで歩みを止めずに、行き詰まってもそこから抜け出すことができました。そばにいてくれてありがとう。姉妹も同然の大切な女友だち、ベンナ・ミルルード、メリッサ・ローゼンスターチ・ジマーマン、ジル・コーヘン・ショー、リサ・カーゲル、ジェニファー・ブローベルトの友情と愛に感謝します。

　国内外のUX（ユーザーエクスペリエンス）コミュニティに感謝を捧げます。私を鼓舞し、やる気を引き出し、世界の新しい見方を示してくれました。マイケル・カーヴィン、ケル・スミス、ブライス・グラス、ジェフ・パークス、ケヴィン・ホフマン、ジョン・フェラーラ、デイヴィッド・クックシー、ジェフ・ゴーセルフ、スティーヴ・ポーティガル、レイチャル・ヒンマン、インディ・ヤング、リン・ポリスチューク、アンジェラ・コルター、リヴィア・ラベーテ、アンドレア・レスミニ、アダム・コナー、ベッカ・ディアリー、デイヴィッド・ファーカス、ラス・アンガー、ヨニ・ノール、ウィル・サンスバリー、ブーン・シェリダン、ジョン・ユーダ、エドゥアルド・オルティーズ、クリス・アヴォーア、ブラッド・

ナナリー、アーロン・イリザリー、マーティ・フォッカツィオ、ウェンディ・グリーン・ステンゲル、ローリ・カヴァルッチ、センニド・ボウルズ、アンドルー・ヒントン、クリス・リスドン、エリン・カミングスの厚い支援と励ましに大声でありがとうと言わせてください。

リファイナリー社、エンパシーラボ社、コムキャスト社、EPAM社の仲間、ジョン・アシュリー、アンドレア・ボフサットン、クリスティン・ダドリー、アンドルー・フェグリー、デイヴィッド・フィオリト、クリスタル・カビツキー、ケヴィン・ラビック、ロン・ランキン、トム・ローダー、ジョナサン・ルーポ、ケーシー・マルコム、ブルース・マクマホン、ロブ・フィルベール──10年以上にわたるご厚情と楽しいおつき合いに感謝します。

この本を形にすることに力を貸してくださったすべての皆さん──すばらしいインタビューの時間、レビュー、助言をくださった、エミル・オヴマール、リネット・アテイ、サビナ・アイドラー、カタリーナ・ナランジョ・ボック、温かい推薦をくださった、ジェイソン・クランフォード・ティーグ、ステファン・アンダーソン、アリソン・ドルィン、そして、身に余る序文を寄せてくださったブレンダ・ローレルに、心からの感謝を捧げます。

この本の編集者、マータ・ジャスタックにはいくら感謝してもしきれません。締め切りについての私の都合のいい解釈を我慢強く正し、書くという行為は乱雑で不完全で、一直線には進まないことを教えてくださいました。

ルー・ローゼンフェルドへ。この本をこうして完成させられたのはあなたのおかげです。私に賭けてくださったことに感謝します。あなたは真のリーダーで、アイデアに満ちあふれた方です。

最後に、ジョシュとサマンサに。この忙しくておもしろくて最高の人生を与えてくれたことに。あなたたちがいなかったら、成し遂げることはできなかったわ。

◎訳者について

依田 光江(よだ みつえ)
熊本県出身、お茶の水女子大学卒。外資系コンピュータ会社の勤務を経て、長年、産業翻訳に従事。主な訳書に『中国の未来を決める急所はここだ』(ヴィレッジブックス)、『プログラミングHTML5』(アスキー・メディアワークス)、『リーンソフトウェア開発と組織改革』(アスキー・メディアワークス)。

◎著者について

デブラ・レヴィン・ゲルマンは、インタラクションを伴う子ども向けメディアのライターであり、リサーチャー、デザイナー、ストラテジストです。
PBS Kids、Sprout、Scholastic、Crayola、NBC Universal、Comcastなどのクライアントとともに、子ども向けのサイトやアプリ、仮想世界を制作してきました。『USAトゥデイ』紙の「ベストベット(一番のお勧め)賞」を受賞した『プラネットオレンジ』──小学生およびその教師と親をターゲットにした、お金に関する基礎知識を教えるサイト──では、リサーチとデザインの中心的役割を担いました。

　デザイン事務所や社内デザイン部門に所属して腕を磨き、その後、EPAM社で、デジタルストラテジー＆エクスペリエンスデザインのチームを立ち上げました。現在は、このチームのユーザーエクスペリエンス部門のディレクターを務めています。WebVisionや、IA Summit、IxDA、US Lisbon、UXPAなどのカンファレンスで頻繁に講演をおこない、ワークショップを開催しています。『A List Apart』や『UXマガジン』誌の寄稿者でもあります。

　ペンシルバニア州フィラデルフィア地方の出身です。アメリカン大学でビジュアルメディアおよび心理学の学士号を、ジョージア工科大学でインフォメーションデザイン＆テクノロジーの修士号を取得しました。2000年にフィラデルフィアに戻り、いまもその地で暮らし、仕事をし、最愛の夫ジョシュと、大きくなったら古生物学者のお姫様になりたいと願う愛娘のサマンサと一緒に遊んでいます。

子どものUXデザイン
遊びと学びのデジタルエクスペリエンス

2015年11月25日　初版第1刷発行

著者：デブラ・レヴィン・ゲルマン
訳者：依田光江
翻訳協力：株式会社トランネット
http://www.trannet.co.jp/
日本語版序文：季里

発行人：籔内康一
発行所：株式会社ビー・エヌ・エヌ新社
〒150-0022　東京都渋谷区恵比寿南一丁目20番6号
E-mail：info@bnn.co.jp　Fax：03-5725-1511
http://www.bnn.co.jp/

印刷・製本：シナノ印刷株式会社

日本語版カバーイラスト：fancomi
日本語版デザイン：中西要介
日本語版編集：村田純一

※本書の内容に関するお問い合わせは弊社Webサイトから、
またはお名前とご連絡先を明記のうえE-mailにてご連絡ください。
※本書の一部または全部について、個人で使用するほかは、
株式会社ビー・エヌ・エヌ新社および著作権者の承諾を得ずに
無断で複写・複製することは禁じられております。
※乱丁本・落丁本はお取り替えいたします。
※定価はカバーに記載してあります。

ISBN978-4-8025-1004-2　Printed in Japan